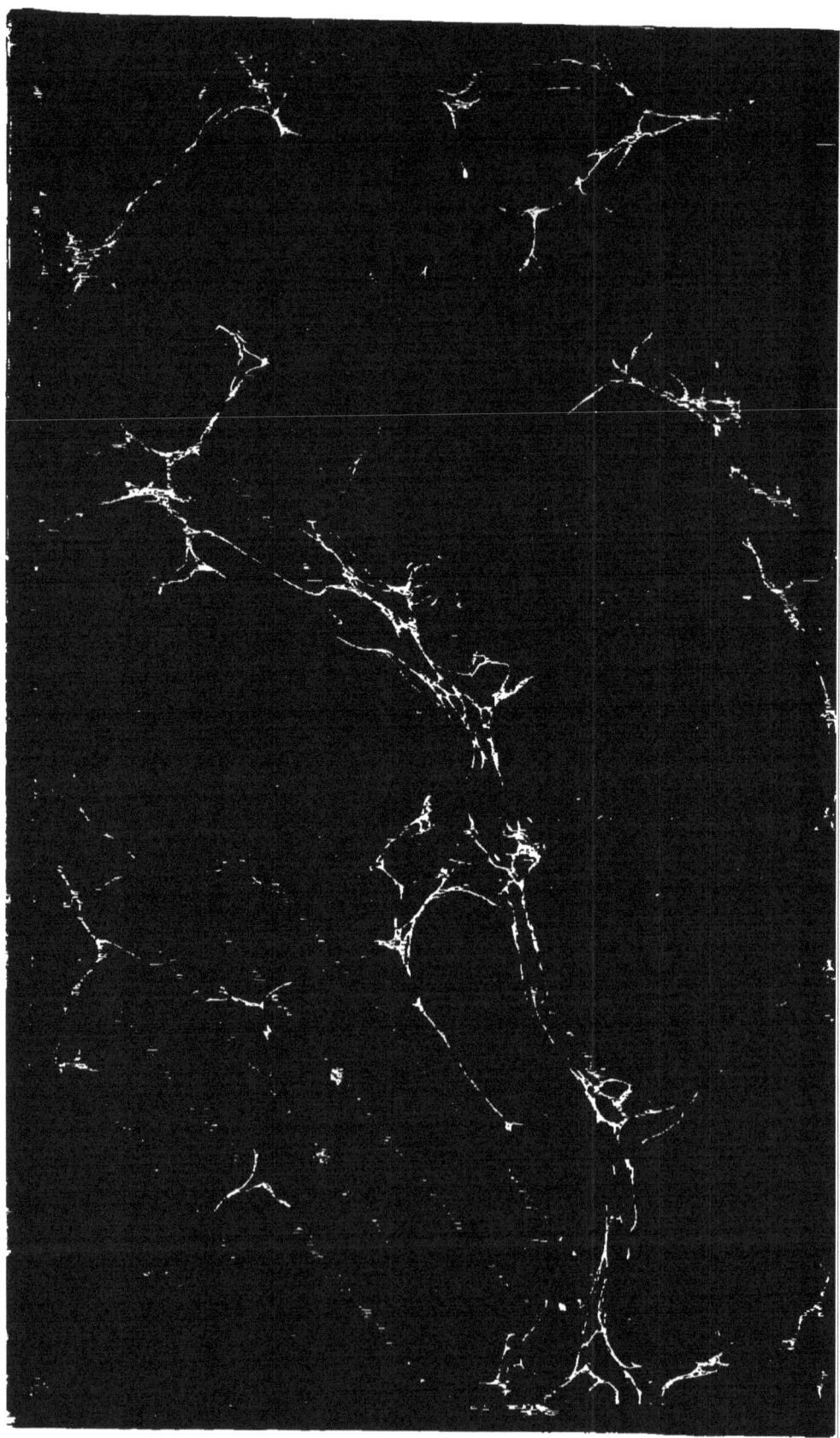

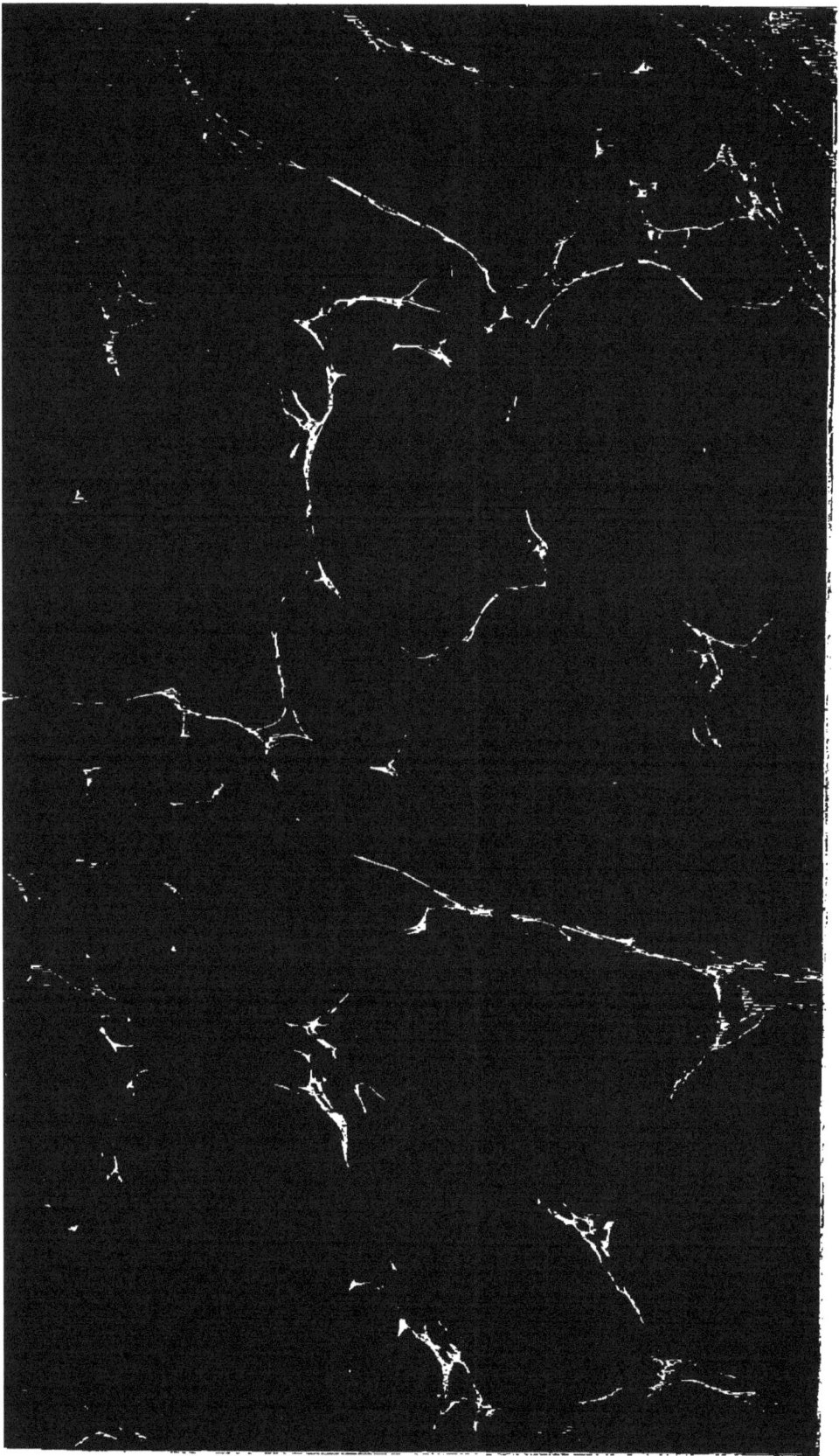

CAUSERIES

CHEVALINES

PAR

ALEXANDRE GAUME

PROPRIÉTAIRE-ÉLEVEUR

———

PARIS

GARNIER FRÈRES, LIBRAIRES-ÉDITEURS

6, RUE DES SAINTS-PÈRES, ET PALAIS-ROYAL, 215

—

CAUSERIES

CHEVALINES

Paris. — Typ. de P.-A. Bourdier et Cie, rue des Poitevins, 6.

CAUSERIES

CHEVALINES

PAR

ALEXANDRE GAUME

PROPRIÉTAIRE-ÉLEVEUR

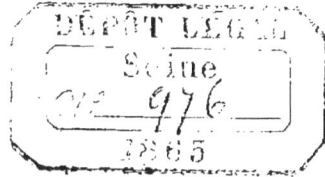

PARIS

GARNIER FRÈRES, LIBRAIRES

6, RUE DES SAINTS-PÈRES, ET PALAIS-ROYAL, 215

—

1865

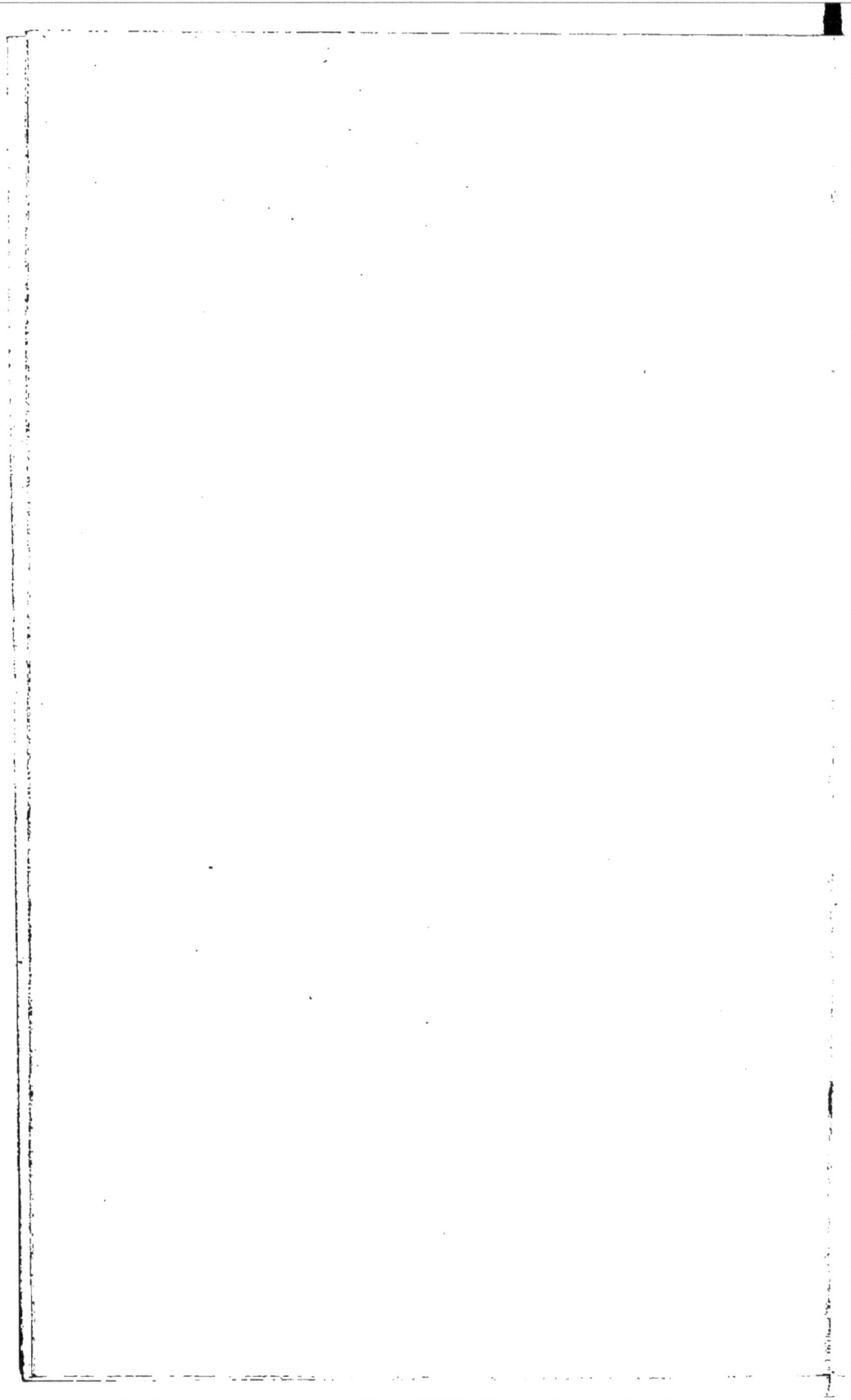

AVANT-PROPOS

—

M'occupant uniquement de chevaux depuis bientôt vingt ans, j'ai cru faire çà et là quelques remarques utiles, principalement sur les différents points de l'élevage et de l'emploi de ces précieux animaux, en général trop négligés dans notre pays, où la passion hippique n'est pas précisément nationale. Il m'a semblé, à tort ou à raison, utile de réunir ces remarques dans un petit livre qui n'a aucune prétention

*scientifique ou littéraire, comme son titre l'in-
dique.*

Qu'il me soit donc permis de dire avec
un vieil auteur hippique : « Je prie mon lec-
« teur de prendre en bonne part ce que j'ay
« escrit le plus intelligiblement qu'il m'a esté
« possible sans le secours d'autre rhétorique
« que de ce que la nature m'a enseigné, par
« la pratique et par les observations que j'ay
« faites des chevaux, par la manière de les
« exercer, et par une longue et pénible, quoy-
« que j'advoüe fort plaisante et agréable, ex-
« périence. » (NEWCASTLE.)

Paris, 25 janvier 1865.

CAUSERIES
CHEVALINES

CHAPITRE PREMIER

L'Élevage.

Enfin ! nous commençons à aimer les courses ; nous finirons probablement par aimer les chevaux. Peut-être même le temps est-il proche où le satirique Lucien pourrait dire encore : « La manie des chevaux est « générale, et elle s'est emparée d'un grand « nombre d'hommes *qui sont regardés comme* « *de fort honnêtes gens* [1]. »

La France, grâce à une initiative aussi généreuse qu'élevée se couvre d'hippodromes, les hippodromes se remplissent de public ;

[1]. Lucien, *Nigrin*, 29.

indépendamment du salon des courses, on parie, on parie même beaucoup, et les dames, je parle des vraies, s'en mêlent. Eh bien ! tant mieux ; jeu pour jeu, celui-là vaut autant que la roulette et le baccarat. Les parieurs parlent des chevaux, ils les regardent, ils cherchent à les connaître ; leur coup d'œil se forme ; beaucoup d'entre eux savent à leurs dépens que l'entraînement est une science, et que l'origine paternelle et maternelle est une question de premier ordre dans l'appréciation d'un poulain ; ils aiment ou haïssent le cheval, selon leurs gains ou leurs pertes, il est vrai, mais au moins, ils ne restent pas indifférents pour ce noble animal dont l'amélioration est une source de richesse et de prospérité pour le commerce et l'agriculture de notre pays.

Les boutures que nous avons détachées en Angleterre de l'arbre généalogique de la race pure, du « général Stud-Book » datant de 1791, ont trouvé notre terrain fertile. Régulièrement classées depuis 1838 [1], elles ont

1. Notre Stud-Book a été créé par une ordonnance royale

donné des fruits multipliés et savoureux; Vermout, Fille de l'air, Dollar, Gladiateur, en nous procurant l'année dernière, un succès international, commencent à être connus dans les contrées les plus reculées; on en parle à Sarreguemines; l'*Éclair*, de Pontivy imprime leurs noms en grosses capitales, et à Brives il y a un Betting-Room. Il nous faut des triomphes, à nous Français : c'est une vieille habitude dont nous ne pouvons nous passer; des victoires, et des victoires sur les Anglais encore, mais cela seul est capable de nous donner le goût du cheval.

Nous sommes donc en bonne voie au point de vue du turf et par conséquent des chevaux de pur sang; néanmoins, il y a encore, hélas! beaucoup trop de gens qui ne savent pas ce dont il s'agit, et qui haussent les épaules de pitié en voyant tout ce monde s'ébaudir en présence de maigres haridelles incapables de galoper pendant plus de cinq minutes avec un singe de cent livres sur le dos. Aux dernières courses du printemps,

du 3 mars 1833, mais il a fallu un long et difficile travail de cinq ans pour en rassembler les matériaux épars.

M. Prudhomme, amateur placé devant moi dans les tribunes, disait à son épouse :

« Vois-tu, ma bonne, si ma faible voix pouvait se faire entendre dans les hautes régions du pouvoir, je m'exprimerais...

— Oh ! ce jockey tout rose, il est charmant, il va gagner, j'en suis sûre.

— C'est un pantin...; je m'exprimerais ainsi : L'amélioration de la race chevaline, ne peut être obtenue qu'à l'aide de l'étalon percheron, à la fois fort et léger, seul modèle se rapprochant de celui des chevaux du Parthénon, chef-d'œuvre de la statuaire antique.

— Ah ! le rose arrive, je te l'avais prédit, mon ami, voyons un peu le nom sur le programme : *Partisan;* j'en suis bien contente, je l'aurais d'ailleurs parié, combien gagnet-il ?

— Huit mille francs ; c'est une ineptie, avec cette somme on achèterait à Nogent-le-Rotrou quatre reproducteurs splendides, et le Gouvernement...

— Moi, d'abord, je raffole des casaques roses. »

Néanmoins la route est tracée, elle est fréquentée, et j'espère que nous arriverons bientôt à comprendre cette phrase anglaise tirée d'un livre (*The horse*) qui par exception est prophète dans son pays : « En admettant « une proportion convenable de pur sang, par « le moyen du croisement et du métissage, « nous sommes parvenus à rendre nos che-« vaux de chasse, nos chevaux de promenade « et de guerre, nos chevaux de voiture, et « même nos chevaux de trait, plus forts, plus « actifs, plus légers et plus propres à endu-« rer la fatigue, qu'ils ne l'étaient avant l'in-« troduction du cheval de course ou de pur « sang. »

J'excepterai de cette étude le cheval de pur sang, qui chez nous comme partout est généralement produit par des éleveurs qui ont du savoir et l'amour du cheval ; qui. souvent font courir, ou bien qui vendent leurs poulains à des turfistes ou à des entraîneurs passionnés pour leur art.

J'ai le regret de commencer ce petit travail par une citation cruellement vraie, mais dont la rude franchise honore l'homme dis-

tingué et compétent auquel je l'emprunte [1] :
« Partout le cheval est l'expression de
« l'homme qui le fait naître. En Angleterre,
« l'éleveur haut placé dans la société, forme
« le cheval pur sang, le cheval de course.
« En Arabie, en Tartarie, le cheval, élevé
« par un cavalier, devient un coursier ad-
« mirable. Les Allemands, habiles à cons-
« truire des voitures légères, produisent na-
« turellement le carrossier léger. En France,
« hélas ! pays d'horribles charrettes, pen-
« dant que l'on expose à Paris mille théo-
« ries, que l'on disserte dans les états-ma-
« jors, que l'on distribue des prix dans les
« hippodromes, le tout dans le but très-
« louable d'acclimater les meilleurs types,
« le cheval , dans sa pratique réelle, se
« trouve élevé par un charretier. Celui-ci,
« au rebours de tous les programmes de la
« civilisation hippique, et plus barbare, en
« pareille matière, qu'un Bédouin ou qu'un
« Turcoman, veut, avant tout, former un
« cheval à l'unisson de son grossier véhi-

1. Ch. de Sourdeval, *Journal des haras*, t. XXX, p. 299.

« cule..... Ailleurs, par un destin bizarre,
« le cheval n'est élevé ni par un sportsman,
« ni par un cavalier, ni par un charretier;
« il l'est tout simplement par un bouvier
« qui ignore l'art de le manier et de s'en
« servir, et qui ne sait employer que le
« bœuf à ses travaux d'agriculture et de
« transport. Un tel éleveur est, on le pense
« bien, incapable d'apprécier le degré de
« coïncidence qui doit exister entre les
« *formes* et les *qualités* d'un cheval; aussi,
« ne voyant dans son élève qu'un animal à
« faire profiter, il le traite suivant cette idée
« et l'engraisse en bœuf pour le vendre à la
« foire. Du reste, pour élever des chevaux,
« je préfère un bouvier à un charretier. Ce-
« lui-ci veut absolument faire triompher
« l'informe type attelé à sa carriole ou à sa
« charrue ; l'autre a, du moins, l'avantage
« d'être, par ses mœurs, neutre dans la
« question : il reste plus de chances de s'en-
« tendre avec lui. »

Cela est rigoureusement vrai, sauf à l'égard
des hommes intelligents qui consacrent une
large part de leur temps et de leur argent à

la production du cheval ; si les personnalités n'étaient pas de mauvais goût, il y aurait ici beaucoup de noms à citer, en Normandie surtout et dans la plaine de Tarbes ; mais, du reste, ces noms-là sont connus, ils sont à l'abri de toute attaque, ils sont la gloire de l'élevage français, et je répète une fois pour toutes qu'aucune critique contenue dans ce livre ne leur est adressée et ne les atteindra. Mais que peut, je le demande, cette honorable minorité d'agriculteurs et d'herbagers connaissant et aimant les chevaux, dans un pays qui compte dans sa population chevaline une moyenne annuelle de 2,900,000 têtes ? Et dans ce chiffre, il y a environ 1,250,000 juments de 4 ans et au-dessus !

C'est donc pour le grand nombre que j'ai cité les lignes amères qu'on vient de lire ; pour le grand nombre aussi je poursuis cette étude. Les généralités blessent seulement ceux qui vont au-devant de la blessure, en dirigeant contre eux-mêmes le tranchant d'une arme inoffensive ; dans ce cas ils n'ont pas droit de se plaindre ; ils se sont fait justice à eux-mêmes et de leur propre gré.

Le peu de popularité des goûts hippiques dans les campagnes, doit être rangé en première ligne parmi les causes qui retardent en France l'amélioration de nos espèces chevalines, de nos races, si l'on veut ; quoiqu'à mes yeux, il n'y ait qu'une race, le cheval pur, le type, engendrant le demi-sang intelligemment adapté aux divers besoins de notre époque et de notre civilisation.

Il y a de plus, chez nous, disette de belles juments ; foi aveugle dans l'influence à peu près exclusive de l'étalon dans les résultats de l'accouplement , et enfin désir immodéré de faire gros, comme on dit en langage technique. J'examinerai successivement ces diverses questions.

Voyons la première, l'absence de goût pour les chevaux. On parle fort du manque d'argent de nos agriculteurs, et on compare la modicité de leurs ressources à la richesse des fermiers anglais ; il y a là une notable exagération, du moins au point de vue chevalin. Nos fermiers et nos propriétaires, petits et grands, gagnent beaucoup d'argent ; la preuve existe dans les augmentations énormes

1.

qu'ont subies depuis vingt ans les baux
des moindres fermes ; néanmoins elles ne
manquent jamais de locataires ; lesdits locataires, au bout de quelques années passées à
gémir sur leur détresse, achètent un joli bien
et le payent comptant à un prix très-élevé.
Les doléances sur la pauvreté de nos paysans,
dans les provinces propres à l'industrie chevaline, commencent donc à devenir passablement surannées. Là, il y a plus d'aisance
qu'autrefois, et aussi plus de chevaux ; tous
ceux qui peuvent rigoureusement en nourrir
un, l'achètent immédiatement ; mais quel
cheval, grand Dieu !

Notre paysan est rusé, laborieux, économe,
mais point spéculateur dans le sens vrai du
mot ; il ne veut pas exposer un capital et faire
les sacrifices exigés par l'esprit même du commerce ; il désire gagner, «gagner gros,» comme
il dit, mais avant tout ne rien risquer. La
production chevaline est embourbée dans
cette ornière de la méfiance, et tous les étalons carrossiers des dépôts de l'Etat, attelés
ensemble à ce malheureux chariot et tirant en
même temps, ne suffiraient pas à l'en faire

sortir. Il faudrait pour cela une passion hippique analogue à celle des Arabes, des Allemands et des Anglais ; alors on ferait de
bons chevaux, on s'apercevrait qu'ainsi faits
et bien élevés, ils sont vendus cher, et on les
aimerait davantage. L'intérêt serait pour la
passion un aiguillon puissant, et le meilleur
sans aucun doute.

Pour commencer, on mettrait quelques louis
de plus à l'acquisition d'une bonne jument
de travail, au lieu d'acheter pour cent écus
à un maquignon forain une bête de rebut,
produit informe d'un percheron mal construit
et d'une bique de charbonnier, qui, une fois
attelée, a les oreilles moins hautes que les
bouts des brancards. De grosses limonières,
également fournies dans l'avant et l'arrière-
train, régulières de conformation et d'aplombs,
richement membrées, avec le dos et le rein bien
suivis, et le bassin développé, travailleraient
avec plus de force et de célérité que les mal-
heureuses bringues dont je viens de parler,
et moyennant une nourriture substantielle et
des soins, contribueraient chaque année par
leur poulain à l'aisance de la maison.

Il y a deux ans, un petit cultivateur, mon voisin, ayant une ferme de deux mille francs, louée trop cher, vu la piètre qualité des terres, me disait en réponse à mes compliments sur une belle percheronne étoffée que je voyais à sa charrue, labourant seule, sans peine et en magnifique condition de santé : « — Ah !
« Monsieur, je crois bien qu'elle est bonne !
« Elle m'a coûté neuf cents francs, *je ne le*
« *nie pas*; mais je ne le regrette pas non plus ;
« sans elle je ne pourrais pas payer mon
« loyer. Tous les ans, elle fait notre ouvrage,
« et nous donne par-dessus le marché un
« poulain que nous vendons en moyenne six
« cents francs à dix-huit mois. Nous en avons
« eu un de Taconnet [1], que nous avons vendu
« sept cents francs. Si elle venait à périr,
« notre pauvre *Coquette*, elle nous laisserait
« dans l'embarras. C'est la providence de
« chez nous. » Et il avait raison, le bonhomme.

Je voudrais voir les chevaux aussi bien nourris que les vaches, et quelquefois pansés, au moins le dimanche, comme leurs maîtres,

1. Étalon du dépôt impérial du Pin.

qui ce jour-là se font raser. Les harnais, tout en demeurant simples, devraient être entretenus, graissés et suffisamment rembourrés; il faudrait donner aux bourreliers les colliers à ajuster, et ne pas mettre à un cheval de quatre ans, celui qu'il avait à deux ans, sous prétexte que l'animal n'a pas encore été blessé et *qu'il y est habitué*. Sans doute la forme du collier importe peu, mais il doit être solide, léger, approprié à la force du corps, aisé à l'encolure, sans être large, et d'une longueur telle que l'on puisse passer la main ouverte entre le poitrail et la partie inférieure. Un collier trop juste ou mal assujetti prend une direction oblique quand le cheval monte, et comprime la trachée; la traction a lieu sur le cou, et l'animal perd la plus grande partie de sa force; il respire avec peine et peut être frappé d'asphyxie ou atteint de cornage; il est dans la situation d'un homme accrochant à sa cravate le fardeau porté par ses épaules, et obligé, avec cet attirail, de monter un escalier rapide. Si le collier est trop volumineux et trop ouvert, il est jeté en avant, surtout pendant la descente, et gêne le mouvement des épaules ; le frottement prolongé qu'il exerce sur l'encolure peut produire l'excoriation de cette partie en avant du garrot, et par suite un ulcère profond, lent, et difficile à guérir. S'il est mal rembourré, l'omoplate peut être atteint de tumeurs et ensuite d'ulcères d'autant plus graves que l'animal est plus maigre.

Il est des localités en France où l'on fabrique des colliers si volumineux qu'un seul homme a de la peine à les passer au cou des chevaux, comme si la solidité consistait dans le volume. La surcharge de poids et la ruine prématurée des membres antérieurs sont le résultat de cette pratique absurde.

Les Flamands, les Allemands et les Anglais ne se servent, pour leurs chevaux de labour, que de colliers fort légers, bien rembourrés de crin. Les premiers les font en bois dur, mince et presque sans oreilles ; ceux des seconds sont garnis d'attelles de fer, comme pour les chevaux des voitures bourgeoises. Pourquoi ne les imitons-nous pas ?

Et pour le reste du harnachement, que de choses pourrais-je ajouter ! En parcourant nos routes on aperçoit rarement les chevaux des cultivateurs attelés avec goût. Souvent, au contraire les têtières trop serrées, tirent le frontal et pressent la base des oreilles; les mors placés trop haut plissent et parfois écorchent la commissure des lèvres. Les sellettes n'étant pas retenues suffisamment par la croupière, se portent en avant et blessent le garrot; ou bien elles sont mal assujetties, le harnais frotte alors sur les côtes et y détermine des durillons. Les sous-ventrières et les dossières qui soulèvent à la montée une grande partie du poids du limonier sont rarement placées sur une peau de mouton; elles manquent de largeur et de souplesse, et le sternum est excorié.

Les chevaux ayant un peu d'origine et par conséquent une plus grande finesse de peau, sont fréquemment blessés sous la queue et sur les reins par le culeron de la croupière et par sa courroie nommée fourchet, parce qu'on néglige de placer un coussinet sous le fourchet et de graisser le culeron, qui d'ailleurs n'a presque jamais un diamètre convenable.

Beaucoup d'accidents sont attribués aux vices des chevaux, et ne sont dus qu'à un mauvais harnachement. Un cheval mal harnaché est non-seulement exposé à se blesser par le frottement ou la compression des harnais, mais encore à s'abattre, à se traverser, à ruer, à pointer, à s'emporter et à faire verser cabriolets, charrettes et autres voitures. Il n'est pas rare de voir un jeune cheval trembler à la vue et au bruit du harnais qui va lui être brutalement jeté sur le dos : « Voyez ce fainéant, s'écrie le charretier, il a déjà peur de travailler ! » Il croit le pauvre animal mû par la paresse, tandis qu'il l'est par un souvenir de gêne et de douleur dont l'appareil qu'il a sous les yeux ne lui rappelle que trop la triste expérience.

L'élevage des chevaux, surtout des chevaux distingués, près du sang, et dont la vente est productive, exige une foule de soins et comporte les détails les plus minutieux. L'agriculteur dit avec découragement : « Oh ! « les chevaux d'*espèce !* nous n'en voulons pas, « ils sont vicieux, ils travaillent mal, on ne « peut pas les utiliser, ils sont *trop casuels.* »

Pour être de bonne foi, convenez, au contraire, que les chevaux de demi-sang sont excellents au travail, et, pour preuve, regardez ceux de la plaine de Caen; mais avouez simplement qu'ils exigent des précautions et des ménagements que vous leur refusez, et une affection quasi paternelle que vous n'éprouvez pas. Vos vaches, avant tout, n'est-il pas vrai? Voilà le grand mot lâché! Ah! si les juments donnaient du beurre!... On pourrait supprimer immédiatement l'administration des haras.

Deux exemples pris au hasard prouveront que l'absence de soins judicieux est souvent pour les éleveurs la cause de pertes considérables.

Il y a quatre ans, je vendis à un riche propriétaire herbager deux juments anglaises réformées de mon écurie; elles avaient chacune un poulain. L'une carrossière, baie, avait un poulain d'Impérial, étalon de demi-sang par Eylau, et l'autre, jument de selle alezane, une pouliche de Ramsay, cheval de pur sang. N'ayant pas assez d'herbe chez moi pour garder ces deux bêtes, je vendis, ou plutôt je donnai le tout, mères et produits, pour une somme insignifiante.

La jument baie âgée de neuf ans, fut mise au travail en limon, et donna l'année suivante un second poulain; elle avait un garrot remarquable par son élévation, sa longueur et sa sécheresse. On n'y prit point garde, et elle fut en peu de temps blessée par un collier qui n'était pas fait pour elle. On continua à la faire travailler avec le même instrument de torture, et comme elle était vaillante et généreuse, elle tira malgré la souffrance. Enfin, un mal gangréneux se déclara; elle devint inattelable et mourut de misère dans un enclos où on l'avait abandonnée. Cela aurait peut-être coûté *deux francs* pour lui faire ajuster et rembourrer convenablement un des nombreux colliers de la maison.

Quant à la jument alezane, âgée de douze ans, c'était une bête très-remarquable, accusant une haute origine; on pouvait la considérer comme un beau type de Hunter.

Nous étions à la fin de juin, l'acquéreur me dit : « Je vais mettre cette bête et sa pouliche dans un très-bon herbage. — Mais, repris-je, vous les ferez sans doute rentrer tous les soirs par votre bouvier, et elles ne coucheront pas à la belle étoile? — Oh! si ; dans cette saison, cela n'offre aucun inconvénient. — Je trouve au contraire que cela en présente beaucoup pour une jument déjà vieille, habituée depuis longtemps aux écuries chaudes, aux couvertures, à l'avoine en abondance, à une hygiène tonique, et surtout pour une pouliche d'un mois très-délicate et née dans un box. — Oh! il n'y a aucun danger, je vous assure. »

Au bout de quelques jours, la pouliche était trouvée un matin, après une nuit d'orage, morte dans l'herbe détrempée. La foudre l'a tuée, me dit-on. Soit! mais la foudre n'était pas tombée cette nuit-là sur l'étable où on aurait dû la loger.

Nos charrettes sont de détestables voitures ; les jeunes chevaux mis trop tôt en limon sont tarés de bonne heure ; leurs épaules se brisent, leur rein se creuse, et leurs jarrets se couvrent de tumeurs osseuses ou molles. L'usage de la charrette est très-désavantageux dans les mauvais chemins qui abondent dans les exploitations rurales ; car il est très-difficile que la charge soit parfaitement en équilibre sur l'essieu, et dès lors le limonier est tour à tour chargé et soulevé dans les descentes et les montées ; et puis, le poids n'étant supporté que par deux roues, s'il en tombe une dans un trou, la plus grande partie de la charge se porte de ce côté, et les chevaux ont beaucoup de peine à l'en tirer. Ils en éprouvent bien moins quand cette même charge se distribue sur quatre roues. Aussi devrait-on généraliser l'emploi du charriot léger, muni d'une mécanique et traîné par un seul cheval attelé dans une limonière, comme en Alsace et en Franche–Comté, par exemple. Ce genre de voiture est excellent dans les endroits montagneux.

Les charriots des gros fermiers seraient d'une plus grande dimension, et auraient, au lieu de limonière, un timon auquel on pourrait mettre deux jeunes chevaux qui tireraient mieux ensemble et marcheraient beaucoup plus vite que l'attelage des charrettes à deux roues. Le cheval commun de gros trait, dont la vente est improductive, actuellement nécessaire comme limonier, serait beaucoup moins utile, et l'élevage des chevaux de demi-sang, qui seuls rapportent à l'éleveur, y gagnerait.

Nous pourrions aussi, sans inconvénient, supprimer ces ignobles fouets à monture droite que nos charretiers font claquer avec une gaieté stupide. On peut traverser l'Angleterre sans entendre le claquement d'un fouet, et il est difficile de parcourir quatre kilomètres sur une route française un peu fréquentée, sans être exaspéré par ce bruit qui constitue un genre de distraction brutal et inintelligent.

La plupart des écuries sont malpropres, trop étroites, trop basses et mal aérées ; les chevaux ne sont même pas séparés par des barres ; souvent il n'y a pas de fenêtres, et le sol n'est pas battu ; les chevaux vivent sur un épais fumier ; leurs poumons, leurs pieds et leurs yeux s'en ressentent, et ces pauvres animaux sont, jour et nuit, asphyxiés par des émanations fétides. L'absence de vigueur, les toux chroniques, les eaux aux jambes, crevasses, fourchettes pourries, et la fluxion périodique des yeux, sont fréquemment le résultat des écuries malsaines, et de la transition subite qu'éprouvent les chevaux en passant tous les matins, de cette température brûlante, à l'air extérieur, dans des terrains quelquefois mouillés, et à travers un brouillard humide et condensé.

Les poulains, mis au piquet dans les prairies artificielles, sont entravés de telle sorte qu'on les reconnaît plus tard sur les foires à de nombreuses traces de prises de chaîne et surtout à la déviation d'un paturon antérieur. Au service, c'est pire encore; la jambe qui a été entravée est presque toujours plus faible que l'autre et l'animal butte continuellement. Un bon entravon en cuir souple, suffisamment rembourré, ne serait pourtant pas d'un prix fabuleux, et il ne serait pas difficile d'entraver alternativement l'une et l'autre jambe. Un cheval dont les aplombs seraient ainsi conservés, aurait plus tard, sur le marché, une plus-value qui payerait bien des notes de bourrelier.

Je voudrais voir en France, comme dans les fermes allemandes et anglaises, les petits gars de quinze ans monter les jeunes chevaux sellés avec des panneaux munis d'étriers, et bridés avec un filet ou un mors doux qui ne serait pas constamment rouillé. Les poulains, quand les travaux de la culture ne les réclameraient point, iraient ainsi montés, avec des genouillères, soit à la forge, soit au marché du canton, soit aux provisions. Ils feraient, en même temps que les commissions de la ferme, de petites courses qui développeraient leur haleine et leurs allures. Leurs cavaliers finiraient par ne pas trouver ridicule ou impossible de trotter à l'anglaise, et acquerraient, avec le goût du cheval, une tournure leste et dégagée qui ne leur ferait point tort. Le paysan, l'agriculteur, voilà la base de l'amélioration chevaline ; ce sont eux qui *font* les chevaux, et ils ne les aiment pas ; c'est donc là, c'est aux champs qu'il faut exciter le goût, développer la passion et l'activité. J'en puis parler avec quelque expérience, habitant depuis plusieurs années un pays qui semble privilégié pour la production et l'élève du demi-sang, à quelques lieues du Merlerault, de la vallée d'Auge et de la plaine de Caen.

Aujourd'hui beaucoup de petits propriétaires ont des tilburys, des « bocs[1] », comme
on dit en Normandie. Ne devraient-ils pas
atteler quelquefois pendant une demi-heure
ou trois quarts d'heure, sur une bonne route,
leurs chevaux de trois et de quatre ans, le
soir, à temps libre, pour se récréer, et pour
ainsi dire, en fumant leur pipe ? Ils s'exerce-
raient ainsi à conduire proprement, et à rendre
leurs élèves dociles, brillants, légers ou vites,
suivant leurs moyens naturels. Ils les ven-
draient assurément plus cher, en les présen-
tant sur le champ de foire, attelés, nettoyés,
avec les crins faits, la queue rafraîchie, la
bedaine remontée par une ou deux purgations, et après un mois d'hygiène bien entendue. Les marchands, au dire des gens de
la campagne, ne veulent pas acheter les chevaux dont la toilette est faite, et qui sont
apprêtés. Faites de bons chevaux, et les marchands vous les prendront aussi bien, s'ils
sont présentés convenablement, que s'ils ont
l'air de sortir d'une mare à fumier ; seule-

1. Dérivé de l'anglais *bog*, petite voiture à deux roues.

ment, ils vous les payeront davantage; voilà toute la différence.

Les poulinières des herbagers, vivant sans travail de la vie des bœufs à l'engrais, sont, pour la plupart, d'une sauvagerie notable et d'un caractère opiniâtre qu'elles transmettent à ceux de leurs produits qui naissent et sont élevés dans les pâturages jusqu'à l'âge de la vente. Il y a dans le Merlerault et dans la vallée d'Auge des juments de quinze à seize ans qui n'ont jamais porté un homme, et jamais eu un harnais sur le dos. C'est toute une affaire que de les approcher et de leur mettre un bridon pour les conduire à la saillie. Veut-on les examiner de près, ainsi que les poulains, il faut prendre autant de précautions que s'il s'agissait d'aborder des chevreuils. Habitués à voir l'homme les poursuivre en battant des mains, ou en frappant dans son chapeau avec un bâton, pour montrer à ses amis des allures prétendues brillantes, qui ne sont que les mouvements enlevés, résultat de l'effroi, même chez les rosses les plus médiocres, ils se sauvent grand train. Alors, il faut marcher lentement, ne

2

pas lever les bras, éviter de faire du bruit, de se moucher, de cracher, et se remettre en quête ; dans ce cas, on arrivera peut-être à voir ces bêtes ahuries. Si cela ne réussit pas, il faut les « *encointer* », mot peu gracieux désignant une manœuvre que l'on devrait réserver pour le fauve, et qui consiste en ceci : Plusieurs personnes se réunissent et poussent doucement devant elles toute la cavalerie sauvage dans un angle, *un coin* de l'herbage ; puis elles se rapprochent et resserrent le cercle de manière à maintenir en place les chevaux, qui les regardent d'un air effaré.

Sérieusement, comprend-on que des animaux destinés à vivre en contact continuel avec l'homme, à porter des cavaliers dans les rues des grandes villes, ou peut-être à stationner avec une voiture au milieu d'une foule sortant du théâtre ou d'un bal, soient aussi négligés, aussi peu fréquentés et apprivoisés, au début de leur vie, lorsque leur caractère se forme. Témoin bien des fois de scènes semblables à celle que je viens de rapporter, j'ai souvent pensé que si les propriétaires de ces chevaux avaient le goût du cheval, s'ils aimaient à le monter et à l'atteler, ils se préoccuperaient bien davantage du caractère et de la docilité de leurs élèves. Ils verraient de leurs propres yeux, combien l'apprivoisement préalable, le maniement fréquent des poulains facilitent le dressage, et contribuent à le rendre parfait.

J'ai dressé, soit à la selle, soit à l'attelage environ cinquante chevaux augerons ou merleraultins élevés à l'herbe, et j'ai toujours été entravé et retardé au début par ces mille riens qui prennent beaucoup de temps : habituer les chevaux à rester attachés sans tirer au renard, à lever leurs pieds, à se laisser toucher sur toutes les parties du corps sans frayeur, au pansage, aux mouvements des palefreniers autour d'eux, etc. Tous ces détails, qui demandent peu ou point de précautions spéciales avec les animaux élevés dans les fermes, exigent un véritable travail avec les poulains des herbagers et plus encore avec les juments de huit à neuf ans et au-dessus, consacrées, jusqu'à cet âge, uniquement à la reproduction. Là, l'apprivoisement et le dressage doivent marcher de concert, et il faut un certain temps pour obtenir un service de ville et de route sûr, aussi bien de nuit que de jour. Toute l'énergie est dépensée dans les défenses, pendant les premières leçons, et les poumons et les membres quoique sains n'ont pas de résistance, n'ayant connu de bonne heure ni la rapidité des mouvements, ni des efforts quelconques. Si l'on n'y veille très-attentivement, les tumeurs molles ne tardent pas à paraître.

Avec cette sorte de chevaux, la moindre maladresse au début est une source d'ennuis et de retards. Le bouvier qui met pour la première fois un bridon au cheval libre jusqu'alors, et qui manque son coup, ou réussit par la violence, ne se doute pas des difficultés qu'il va créer au dresseur auquel il conduira l'animal.

Le 18 septembre 1860, M. Goupil, de Pontfol (vallée d'Auge), me confia une belle jument baie-brune de six ans, née et élevée dans ses herbages; je la lui rendis le 8 novembre, montée et bien attelée au tilbury. Quand elle arriva chez moi, il était impossible de la brider ; dès que ma main dépassait la hauteur des deux tiers de l'encolure et approchait de la nuque, la bête s'exaspérait et cherchait à grimper dans le râtelier ou à pointer en jouant de l'épinette, si j'essayais de la retourner dans la stalle. Quant au passage du collier, il n'y fallait pas songer, pour le moment du moins.

Le 17 juillet 1862 un poulain de deux ans, rouan, entra chez moi dans des conditions analogues, avec cette circonstance qu'il se campait et se refusait à tout mouvement dès que le mors du bridon était posé sur ses barres, et qu'il ne sortait de son immobilité que pour pointer à se renverser. Il appartenait à M. Sauvage, propriétaire à St-Julien-le-Faucon (vallée d'Auge), auquel je le renvoyai le 10 septembre, très-sage au tilbury, débourré à la selle, et sautant franchement.

Pour arriver à rendre ces deux chevaux calmes et faciles à débrider « *comme tout le monde,* » j'ai certainement perdu beaucoup d'heures ; et pourtant chacun sait que rien n'est plus simple et plus facile que de mettre, du premier coup, un harnais complet sur le

2.

dos de n'importe quel poulain habitué de
bonne heure à l'obéissance et aussi aux caresses et aux attouchements de l'homme. Il
n'y a aucun *truc* à employer, et il faut plutôt
de la douceur que de l'adresse; à dire vrai,
l'adresse ne gâte rien.

Tous les ans, plusieurs doctes personnages
voyageant aux frais de l'État, visitent les pays
lointains pour remplir des missions plus ou
moins scientifiques. Les sciences gagnent
probablement à ces explorations, bien que
quelques-uns des savants en question rapportent simplement de leur voyage, des œufs
de crocodile, des flèches de sauvage em-
poisonnées qui donnent le frisson aux dames,
et, dans un coin reculé de leur malle, l'em-
bryon d'une dissertation somnifère sur les
dynasties des premiers Pharaons, ou la théo-
gonie des brahmines.

Ces sortes de questions brûlantes servent
à réchauffer les loisirs d'un certain nombre
de lettrés paisibles, qui ont des rentes, et
qui consacrent leurs après-midi à des fouilles
consciencieuses dans les arcanes inexplorées
des bibliothèques publiques. Ne va pas dans

l'Inde qui veut, et il vaut mieux étudier les
mœurs des serpents rue de Richelieu qu'à
Java. Ne pourrait-on pas, sans aller aussi loin,
sans faire des dépenses aussi considérables,
envoyer un homme ayant la pratique des
chevaux, et la connaissance approfondie des
habitudes peu chevalines de nos paysans,
passer un mois ou deux en Allemagne, dans
le Mecklembourg, le Hanovre et le Holstein,
par exemple, et tout autant de temps en Angleterre et surtout en Irlande, pour y remplir consciencieusement une mission hippique
essentiellement utile à notre agriculture ?

Cet homme, que je suppose intelligent et
observateur, serait envoyé non pour se promener dans les grandes villes et disserter
dans les cercles, mais pour visiter les fermes,
petites et grandes, examiner à fond toutes
les habitudes d'élevage applicables en France.
Il ne négligerait aucun détail : le ferrage,
la forme des chariots, la confection des harnais de travail, la construction des écuries
rustiques, les usages des éleveurs pour l'alimentation de leurs animaux, la façon dont
les herbagers gouvernent les poulinières sui-

tées et les produits sevrés d'après les localités et les saisons; la manière dont on les rentre, dont on les attache, dont on les emploie aux travaux de la culture. Tous ces points seraient l'objet d'un contrôle sérieux. Le bon et le mauvais seraient pesés avec les inconvénients ou les avantages qui en résultent. Au retour, notre « missionnaire » serait tenu de faire un rapport clair et circonstancié, sans mélange de grec et de latin, sur les observations qu'il aurait recueillies. Il ne lui serait pas permis de parler des quadriges, de citer Hérodote à propos de Triptolème, et de remonter aux éleveurs antédiluviens.

Il se bornerait à consigner les choses utiles et de pratique quotidienne remarquées par lui à l'étranger, et profitables pour les petits cultivateurs français aussi bien que pour les grands. Il écrirait pour être compris desdits cultivateurs « qui produisent la masse des chevaux, et qui s'en tirent assez médiocrement. » Ce rapport répandu dans les campagnes, pourrait peut-être exciter la curiosité, détourner de routines funestes, et pousser

dans la voie de l'initiative, en donnant l'idée
d'imiter les pratiques des pays où on élève
r. 'eux que dans le nôtre. Il ne faudrait pas
qu'il fût imprimé sur un magnifique papier,
et orné d'illustrations par Gustave Doré,
mais qu'il coûtât deux ou trois sous ; autrement on lui préférerait l'almanach liégeois.
Si un travail fait dans ces conditions pouvait contribuer à accroître le goût du cheval
et en faciliter l'élevage à nos paysans, ce ne serait peut-être pas pour l'État, de l'argent perdu,
ni pour l'homme qui l'accomplirait, du temps
stérilement employé.

En commençant ce chapitre, j'ai dit qu'il y
avait en France disette de bonnes poulinières,
et précisément à cause de cela, croyance exagérée à l'influence presque exclusive du gros
étalon de demi-sang, au point de vue amé-
liorateur ; il faut se consoler comme on peut,
ou bien s'étourdir avec un paradoxe économique. On dit bravement : « Ma jument est mal
« construite, il est vrai, mais elle ne m'a pas
« coûté cher ; je vais lui donner un étalon
« ayant les qualités qui lui manquent, et j'au-
« rai un bon produit ; en somme, la grande

« affaire c'est de savoir accoupler, et je crois
« m'y entendre assez bien. » Ceci posé, on
accouple; on mélange beaucoup d'eau avec
peu de bon vin, et on obtient une boisson peu
dispendieuse, assurément, mais insipide. Le
résultat est nul.

Sauf les grands herbagers, qui ne sont pas
les producteurs les plus nombreux de la population chevaline, les agriculteurs, propriétaires ou fermiers, ont en général des juments
d'un ordre très-inférieur. Prenons pour exemple la circonscription du dépôt d'étalons du
Pin. J'ai souvent visité, pendant la monte, un
grand nombre des stations qui la composent;
eh bien! dans toutes celles des pays de culture, j'ai vu d'horribles juments, chétives,
informes et tarées pour la plupart. Et l'on
croit que l'étalon va faire un chef-d'œuvre?
On entend le cultivateur qui amène une pou-
linière de 150 francs et qui paye 15 francs pour
la saillie, critiquer amèrement les reproducteurs que l'État lui fournit presque gratuite-
ment. Celui-ci a des éparvins, celui-là des membres grêles, le dos mal fait, etc... Et votre
affreuse bique, donc! l'avez-vous regardée?

Et puis on veut faire *du gros*, produire des mastodontes avec des bretonnes de 1 mètre 55 (et encore !) sans origiue, sans régularité et sans membres ! c'est une assez mauvaise plaisanterie. Du gros ! avec un fort étalon et une bringue étiolée ! Impossible. Vous aurez peut-être ainsi de la taille et du dégingandé ; mais le gros, avec la carrure et l'harmonie des formes, ne se trouve que dans le vaste bassin d'une mère puissante et régulière, dans lequel la charpente d'un fœtus peut s'agencer à l'aise pendant une longue gestation de onze mois. Cette mère, fortement nourrie pendant qu'elle porte et pendant qu'elle allaite, vous donnera un poulain suffisamment gros à l'âge adulte. Le produit d'un cheval de pur sang et d'une jument étoffée est plus grand et plus carré que le poulain résultant d'un fort demi-sang, avec une petite jument étroite et irrégulière. Et quant à la distinction, à l'énergie, aux qualités d'allures et de fond, à tout ce qui fait aujourd'hui la valeur sérieuse du cheval, quelle différence, à l'avantage du produit direct du pur sang !

Les herbagers, gens pour la plupart riches,

et possesseurs des rares belles juments clair-
semées sur le sol français, ne devraient leur
donner que le cheval de race ; les poulains
seraient bien assez gros, bien assez *étalons,*
puisque c'est le mot consacré pour désigner
actuellement le poulain mâle, sans tares, gras
et mou, destiné à alourdir nos races déjà trop
lymphatiques. Ils pourraient en outre entrer
pour une large part dans l'œuvre de l'amélioration, en élevant un nombre plus considérable de chevaux de pur sang. La vente annuelle de deux ou trois poulains tracés, aux
écuries de course dont le développement
s'étend de jour en jour, couvrirait amplement
les frais généraux de l'élevage et serait un
bénéfice certain. Mais il ne faudrait pas, en
entrant dans cette voie, vouloir s'occuper aussi
d'entraînement, sans se douter préalablement
que l'entraînement est une science dont la
pratique suffit à absorber tous les instants de
l'homme qui s'y consacre. Quand un éleveur
vend trois poulains de pur sang plus de
20,000 fr. sous la mère (et cela s'est vu plusieurs fois, l'année dernière par exemple), il
fait une affaire magnifique et plus sûre que ce-

lui qui les achète. S'il ne sait pas se contenter
d'un pareil bénéfice, qu'arrive-t-il? Il garde
ses poulains et prend chez lui le premier ivrogne venu, pourvu qu'il soit Anglais et qu'il sorte
d'une écurie de course par la porte ou par la
fenêtre. Au lieu d'un entraîneur, et je le répète,
un entraîneur n'est pas un homme vulgaire, il
a fait l'acquisition d'un groom de mauvaise vie,
ou d'un petit jockey de troisième ordre, qui
sait panser les chevaux et quelquefois les
monter, mais qui jamais n'amènera au poteau
un cheval dans une condition supportable. Il
dépensera beaucoup d'argent à l'éleveur qui
a voulu faire le turfiste, il mettra le désordre
dans la maison où on le considérera comme
un oracle, et boira la moitié de la cave; quant
aux poulains, ils arriveront, à peu d'exceptions
près, les derniers sur tous les hippodromes,
et ce sera chose juste; que chacun fasse son
métier.

Les cultivateurs qui redoutent plus encore
que les herbagers l'emploi de l'étalon de
pur sang, prétendent qu'ils en ont essayé et
que les résultats n'ont pas été satisfaisants;
ils feraient bien de regarder leurs juments

avec impartialité, et de convenir que beaucoup ne sont aptes à donner un bon poulain
avec n'importe quel cheval, fût-il l'éléphant
lui-même. Ils devraient convenir, *bona fide*,
qu'ils ne les payent pas assez cher et qu'ils les
nourrissent médiocrement au profit de leurs
vaches; que la première pouliche à peu près
bonne est vendue à l'âge adulte, au lieu de
devenir une source de richesses dans la maison. Alors ils ne s'étonneraient plus de faire
de mauvais chevaux, et ne s'en prendraient
pas au pur sang, ou à l'administration des
haras.

Par ce qui précède, je n'ai point prétendu
qu'on devait livrer indistinctement toutes
les juments à l'étalon de pur sang; celles
qui sont chétives, de très-petite taille, ou dé-
gingandées, haut perchées, grêles de corps
et de membres (et par malheur, je le répète, le
nombre en est grand), doivent être saillies par
l'étalon de demi-sang largement charpenté. J'ai
voulu dire que les fortes juments, les bêtes
construites de manière à mériter le nom de
poulinières, pourraient être ordinairement
accouplées avec le cheval de pur sang, et que

les produits, après un élevage bien entendu, seraient suffisamment étoffés pour être acceptés par le commerce, et de beaucoup plus élégants et plus vigoureux pour toute espèce de services.

Je ne sais pas sur quoi se fonde le désir immodéré de faire gros, qui nous pousse à l'hippopotame court, massif et mou. Les grands et gros carrossiers sont rarement bons ; ils n'ont d'ailleurs d'emploi assuré que dans les écuries des souverains ou des gens de cour, le débouché n'en peut donc pas être considérable. A peu d'exceptions près, le cheval moyen, dans les différentes espèces, est le plus accessible aux divers genres de service, et le mieux adapté à nos besoins. Quant au petit cheval, c'est ordinairement le meilleur de tous, mais n'en parlons plus. Il est convenu que, sauf pour l'attelage des petites voitures dites paniers, il n'est bon à rien.

Les étalons orientaux de la plus haute lignée ne sont pas les plus grands, ni les plus *charnus* de la race; à peu d'exceptions près les chevaux de pur sang les plus illustres, soit au point

de vue des courses, soit à celui de la reproduction, ne se comptent ni parmi les hauts,
ni même parmi les étoffés. Cette vérité est
encore incontestable pour les trotteurs, pour
les chevaux de selle et de chasse. Quant aux
chevaux d'armes, tout le monde sait que ce
ne sont pas les chevaux de la grosse cavalerie
que le maréchal Saint-Arnaud regrettait dans
son magnifique rapport à l'empereur, après la
bataille de l'Alma. Malgré la pesanteur du
harnachement et des armures du temps, Guil-
laume le Conquérant montait un cheval arabe
à la bataille d'Hastings. Les carrossiers de
1 mètre 70 c. sont bons à mener une berline
au théâtre deux fois par semaine, et à ingur-
giter chaque jour vingt litres d'avoine, qui ne
les empêchent pas toujours de devenir poussifs ou corneurs; le temps est à la vitesse, les
chemins de fer nous y ont habitués, et ils nous
ont d'ailleurs débarrassés des gros transports;
les routes deviennent meilleures, même les
chemins vicinaux; les voitures légères se mul-
tiplient, et les hommes de six pieds, auxquels
il fallait un limonier pour monture, deviennent rares. C'est peut-être un malheur, mais

je n'y puis rien, ni vous non plus, qui me lisez.

Le temps où

> Quatre bœufs attelés, d'un pas tranquille et lent,
> Promenaient dans Paris le monarque indolent,

est passé, bien passé. Aujourd'hui l'Empereur attelle à son phaéton deux trotteurs à grandes allures, et les bœufs, n'allant même plus assez vite pour transporter leur propre personne aux abattoirs, sont conduits en wagon, comme les gens qui les mangent.

Tout le monde va vite à présent; les lambins manquent les trains directs du voyage de la vie, qui se fait à toute vapeur, et il faut dire avec les Anglais: « Time is money. »

Décidément, je ne vois pas qu'il soit plus avantageux d'être gros à un cheval qu'à un simple particulier.

CHAPITRE DEUXIÈME

Le Commerce.

Le commerce des chevaux est un des plus difficiles ; dans un très-grand nombre de cas, presque toujours, pour mieux dire, l'acheteur est persuadé que le vendeur a l'intention de le tromper sur la qualité de la marchandise, et le vendeur établit son prix d'après la physionomie de l'acheteur, ou « *le sac* » qu'il lui suppose plutôt que sur la valeur réelle de l'animal. Ceci expliquera jusqu'à un certain point pourquoi on a quelquefois un bon cheval pour un prix raisonnable, et souvent une rosse à un taux formidable. J'ai entendu un jour un marchand de chevaux riche et habile auquel on vantait les connaissances hippiques d'un confrère moins fortuné, répondre ceci : « Le talent du marchand est de connaître, non pas les chevaux, mais les hommes.» Il y a là beaucoup de vrai, puisque la vanité, la jalousie et l'ignorance présomptueuse président fréquemment aux acquisitions.

En province, dans les contrées de production et d'élevage, les chevaux sont vendus soit chez les propriétaires, soit en foire, soit chez les marchands des villes importantes qui eux-mêmes amènent parfois une bande de chevaux sur le marché forain. Les propriétaires sont souvent inabordables quand on va chez eux pour acheter, persuadés, si c'est un bourgeois qui se présente, qu'il ne connaît rien à la matière, ce qui est généralement exact, et si c'est un marchand, qu'il a entendu parler de leur cheval et qu'il en a absolument besoin « pour monter un grand coup, » auquel ils voudraient bien ne pas demeurer étrangers.

Hospitalité large, grands compliments, déjeuner, café, liqueurs, voire même une partie de chasse si c'est la saison, rien n'est négligé ; toutes les séductions champêtres sont mises à la portée de l'acheteur qui a tort de s'y laisser prendre, car ce sont des frais généraux que la ménagère enregistre, et qu'il payera largement si l'affaire se conclut. L'habitude des gens de la campagne à manier les animaux, leur expérience des foires, et leur esprit d'observation les rendent très-habiles à présenter leurs chevaux sous le jour le plus favorable, avec un air de bonhomie et de naïveté engageantes.

Il est plus facile pour celui qui connaît un peu les chevaux, d'acheter sur le champ de foire que chez un propriétaire. Là, il y a un grand nombre d'animaux, de la comparaison par conséquent; des marchands et des maquignons adroits, peu disposés à payer trop cher. Le vendeur qui étudie la situation, rabat intérieurement des prétentions avec lesquelles il a quitté son logis, et finit par céder son cheval à un prix raisonnable, à sa valeur en un mot. Il rentre chez lui, enchanté de sa vente, et supporte vaillamment l'assaut de sa ménagère qui le trouve maladroit et prétend qu'il aurait pu rencontrer le prix qu'ils avaient, d'un commun accord, rêvé la veille sur l'oreiller conjugal.

3.

Pour l'amateur de chevaux, c'est un curieux
spectacle qu'une foire importante, surtout
quand elle suit une journée de courses et de
primes de dressage, comme cela existe aujourd'hui dans plusieurs localités. Dès le
matin la ville est en liesse ; la figure placide
des habitants prend un certain air de jovia-
lité ; la vie végétative empreinte sur beaucoup
de physionomies, semble se modifier ; l'im-
passibilité extérieure que donnent en province l'oisiveté et l'ennui, fait place à l'ani-
mation, et la démarche est plus alerte. Les
bourgeoises en toilettes semi-parisiennes, et
les plus élégantes travesties *à l'instar de* Deau-
ville, se dirigent à pied ou en voiture, vers
le terrain des courses. Quant aux femmes de
la campagne, elles ont des accoutrements qui
défient la description. On doit à regret constater la presque complète disparition des costumes villageois si pittoresques, qui impri-
maient jadis un cachet original aux fêtes de
province ; quoi qu'il en soit, elles sont, dans
le cas présent, dans leurs plus beaux atours,
c'est-à-dire fagotées à outrance.

Enfin, les rues elles-mêmes paraissent en

joie ; d'un côté à l'autre, des bandes de toile
de toutes les couleurs, attachées aux fenêtres
du premier étage, annoncent au public de
grands déballages de bonneterie et de merce-
rie à un rabais fantastique. Sur le seuil de
leurs magasins, les boutiquiers complétant
leur devanture, regardent défiler les longues
bandes de chevaux ornés du licol de tresse à
raies rouges, et de l'affreux bouchon de paille
de classique mémoire, ainsi que les breaks et
les tilburys des écoles de dressage et des gros
marchands de chevaux, se rendant à l'endroit
désigné pour le concours des primes. Les auberges regorgent de voyageurs, et leurs vastes
cours sont encombrées de véhicules de toute
espèce. Aux abords du champ de foire, situé
généralement dans un faubourg, les paysans
abrités sous de grandes tentes en plein vent,
renouvellent le spectacle des noces de Ga-
mache.

Le champ de foire est entouré d'une triple
haie de charrettes dont les chevaux attachés
à la roue broutent mélancoliquement le foin
poudreux qui a servi de banquette à leurs
maîtres, en pensant peut-être à l'avoine, subs-

tance chimérique, ou au cristal de l'eau dans lequel ils ne tremperont pas leurs lèvres, hélas ! avant dix heures du soir. Sur un autre point, l'horizon est fermé par les baraques de saltimbanques, où grouillent et cuisinent malproprement les femmes barbues, les enfants hydrocéphales, les veaux scrofuleux, les hercules lie de vin, et les bêtes féroces étiques. Tout ce monde attend le soir, l'heure bénie où, les marchés étant conclus, acheteurs et vendeurs viendront se réjouir pour dix centimes, des progrès de la civilisation. Seuls, les dentistes (en Normandie particulièrement), les marchands de drogues insecticides ou vermifuges, et les photographes à 1 franc la douzaine *travaillent* pendant toute la journée. Les premiers extirpent, au son d'une musique infernale, les molaires les plus tenaces, tandis que les autres proclament la destruction des ténias les mieux enrubannés, aussi bien que l'instantanéité du collodion.

Dans l'intérieur du cercle dont je viens de tracer la circonférence, sont rangés les chevaux de second et de troisième ordre, ceux de la remonte, de la culture et des services publics, car les bêtes de luxe sont vendues dans des écuries, et j'en parlerai tout à l'heure. Les malheureux animaux sont serrés les uns contre les autres sur plusieurs rangs entre lesquels circulent les acheteurs et les curieux ; cette disposition ne rend pas l'examen facile. Ils sont pour la plupart gras à lard, et comme assoupis par la digestion laborieuse des soupes de grains cuits, de seigle surtout, qu'ils ont absorbées depuis deux ou trois mois pour être offerts au public avec tous leurs charmes; il y en a dont on mangerait volontiers, même sans faire partie de la société hippophagique lyonnaise. Chacun sait que Lyon est la patrie du gras-double : l'honneur insigne d'inaugurer la cuisine de cheval lui revenait donc de droit; la cité commerçante et positive a voulu qu'en cas de famine, les cavaliers eussent toujours sous eux un pot-au-feu disponible. Si l'exemple devient contagieux, nous mangerons nos montures comme jadis les Scandinaves et les Germains qui élevaient, pour les immoler à leurs dieux, de magnifiques chevaux blancs dont la chair se consommait solennellement dans les festins du sacrifice. On pourrait né-

anmoins rappeler aux Lyonnais que l'hippo-
phagie était partie intégrante des rites reli-
gieux païens, et qu'il fallut la détruire quand
on voulut extirper les dernières racines de
l'idolâtrie ; car Grégoire III, au huitième
siècle, écrivait à un archevêque de Mayence :
« Vous me marquez que quelques-uns mangent du cheval sauvage, et la plupart, du cheval domestique ; ne permettez pas que cela
arrive désormais ; abolissez cette coutume par
tous les moyens qui vous seront possibles, et
imposez à tous les mangeurs de cheval une
juste pénitence : ils sont immondes et leur
action est exécrable. »

Je n'engloberai pas les modernes hippo-
phages dans la même réprobation, d'abord
parce que la viande du cheval est tout aussi
saine que celle du bœuf et plus que celle du
porc, et qu'ensuite on engraisse tellement les
chevaux mis en vente que c'est vraiment ten-
tant ; on est naturellement porté à leur demander plutôt du beefsteak que des allures. On ne
peut en vérité s'expliquer le goût actuel du
public pour le cheval qui lui est ainsi présenté
à l'état de viande de boucherie. Quelle est en

effet la destinée de cet animal ? Porter longtemps et vite un certain poids, ou tirer avec
rapidité les voitures légères, avec force et
lenteur les lourds véhicules. Sa forme extérieure doit donc indiquer la manière dont il
remplira ces divers emplois ; sa beauté réside
dans l'expression fortement accusée de ses
aptitudes. Un cheval gras n'est pas plus sédui-
sant qu'un homme obèse, et l'ampleur des
formes doit exister dans l'ampleur des muscles,
et non dans l'infiltration de la graisse dans
leurs interstices. Le tissu adipeux dans de
moyennes proportions sert sans doute à assouplir les organes entre lesquels il s'inter-
pose, mais accumulé dans le tissu cellulaire,
il rend l'animal lourd, paresseux, peu disposé
au travail ; les forces sont affaiblies, la respiration est gênée au moindre mouvement, surtout pendant l'action de courir, et celle de
monter. La circulation est ralentie, car le
pouls est plus petit et plus lent que dans l'état
ordinaire, et la sueur est promptement excitée
en abondance pendant l'exercice. Les gourmes
et coryzas opiniâtres, la fourbure et la pousse
résultent fréquemment de cet état anormal.

Le système général d'engraissement pour la vente, donne une précieuse indication aux acheteurs. Les rares animaux maigres présentés sur un champ de foire, sont, ou affectés de vers, ou d'un sang appauvri, ou atteints de maladies d'estomac et d'entrailles, surtout de diarrhée chronique ; il faut donc s'en défier, car tous les moyens possibles pour les mettre en chair ont été tentés. Pour expliquer cet état, les paysans donnent en général les raisons suivantes : le cheval n'a jamais mangé d'avoine. Il a trop travaillé ces derniers temps, et on ne songeait pas d'ailleurs à le vendre. — Il vient d'être gourmé. — Il a été élevé dans des herbages maigres. — On n'a pas voulu faire de dépense pour le mettre en état, parce que le fourrage est cher, etc.

Ceux qui ont des chevaux méchants les engourdissent avec de l'opium, de la graine d'ivraie enivrante (*lolium temulentum*), du vin, ou plus ordinairement de l'eau-de-vie ; sous l'influence de ces moyens, les plus difficiles deviennent momentanément doux et maniables.

Les chevaux poussifs mis depuis longtemps

au régime exclusif de l'herbe, en liberté et couchant dehors, les juments poussives saillies depuis deux ou trois mois et abandonnées aussi dans les herbages, n'offrent plus le soubresaut du flanc qui pourrait faire reconnaître leur maladie.

A la foire, les marchés entre cultivateurs ne se terminent qu'après de longs pourparlers, des essais, des contre-essais, des tasses de café et des verres d'eau-de-vie multipliés. Souvent les deux parties ne s'entendraient jamais, l'amour-propre s'en mêlant, si un compère officieux, depuis longtemps en vedette, ne venait trancher la difficulté en partageant en deux la différence en litige. Il finit par s'emparer, avec un semblant de violence des mains droites des deux adversaires, qui depuis longtemps se lèvent et s'abaissent en se fuyant toujours, il les frappe l'une contre l'autre, et l'affaire est conclue. Le trio se rend au cabaret voisin pour valider le marché.

Les acquisitions des remontes de la cavalerie ont lieu parfois au moment des grandes foires et sur un terrain contigu à celui du marché. Là un grand nombre de chevaux sont présentés à la commission, et il est plus facile de faire un choix au milieu de tant d'animaux divers, mais il y a pourtant un écueil. Beaucoup de petits maquignons rôdent autour des officiers acheteurs, et offrant un ou deux louis de plus qu'eux aux paysans, entravent les achats en accaparant les meilleurs chevaux.

Les chevaux de luxe, c'est-à-dire de 1,200 fr. environ et au-dessus, sont, comme je l'ai dit, vendus dans des écuries. A cet effet, toutes les grandes écuries des auberges sont louées, soit par les gros éleveurs, soit par les marchands des environs. Les animaux sont amenés comme les précédents, en état de graisse, mais ils sont mieux pansés et mieux tenus. La toilette complétement faite, les licols blancs les couvertures de couleur, les litières de l'écurie régulièrement alignées, tout indique la présence de gens du métier. Les chevaux sont adroitement présentés, avec du gingembre dans l'anus, et sur un plan incliné qui élève le bout de devant et redresse les reins les plus creux. Ils sont bien trottés à la main par les piqueurs des marchands ou par des pale-

freniers nomades dont la biographie trouve-
rait difficilement place dans la morale en
actions. Ce sont d'affreux petits mauvais sujets,
jeunes encore, mais qui ont déjà voyagé dans
toutes les écuries imaginables, et qui, par leur
inconduite, n'ont pu se fixer nulle part.
Adroits et lestes, intelligents et hardis comme
tous les coquins, ils constituent la bohême
du monde hippique. Ils vont d'une foire à
l'autre, d'un cabaret à une auberge, portant
avec eux leur mobilier qui consiste en un
éperon à courroies, une forte trique, des ci-
seaux et un peigne en cuivre pour faire les
crins. Ils sont de première force sur la chan-
son grivoise, le jeu de billard, la trompe de
chasse, et l'imitation du cri des animaux les
plus variés.

Les chevaux déjà débourrés sont attelés ou
montés devant l'acheteur. Ceux que le vendeur refuse de montrer sous l'homme ou dans
les brancards, viennent, dit-il, de l'herbage,
et n'ont jamais travaillé ; il ajoute qu'ils sont
doux « comme des brebis, » et affirment qu'au
bout de huit jours, celui qui les achètera en
obtiendra un service parfait. Si lui, marchand,

avait eu le temps de les dresser, il pourrait les vendre beaucoup plus cher, mais il les a depuis quelques jours seulement dans ses écuries. Acheteur, mon ami, fuyez, fuyez ; il en est temps encore.

La clientèle qui vient aux foires acheter des chevaux dans les écuries est bourgeoise ou marchande : la première se compose des riches propriétaires ou commerçants du voisinage qui arrivent parfois en famille, ou avec des amis plus ou moins connaisseurs.

Dans le premier cas, le vendeur a affaire aux dames, ce qui est loin de simplifier les choses, et dans le second, il faut qu'il devine le goût probable du connaisseur, qui a naturellement une toquade, telle que la robe alezan brûlé par exemple, « les jambes fines, » ou un beau port de queue. En flattant cette marotte, le marchand a des chances de vendre un cheval.

On voit enfin quelquefois apparaître, tout frais débarqué du wagon, le Parisien, le « Monsieur de Paris » comme on dit en province. Irréprochable dans sa tenue de voyage, l'air crâne, la physionomie ouverte, il raconte très-nettement qu'il a été indignement volé dans sa dernière acquisition de chevaux, et qu'il est venu exprès dans un pays de production, pour se remonter d'une manière convenable, et à un prix modéré. Il est décidé à acheter lui-même, sans le concours de son vétérinaire et de son cocher, une paire de chevaux à son goût. Quelques heures après il repart pour Paris, enchanté, ravi de son achat, et il a mis la main précisément sur les deux plus mauvais « carcans » de la foire. Rien ne trompe l'œil du Parisien, comme le modèle encore poulinard des chevaux de quatre ans.

La seconde catégorie de clients, la plus importante de beaucoup, est composée des marchands de chevaux de Paris ou de province qui ont des commandes à fournir, ou des chevaux à appareiller. Avec ceux-ci, le vendeur fait les affaires « en famille » c'est-à-dire au café ; ils forment la base de son commerce en foire, et la vente la plus assurée.

Telle est à peu près la physionomie d'une foire importante.

En dehors de ces réunions périodiques, le

commerce de province est entre les mains des marchands des villes, des éleveurs-marchands et des écoles de dressage. Ces établissements sont aujourd'hui au nombre de vingt, dont six dépendent de l'administration des haras, savoir : les écoles de Caen, de Sécs, de Rochefort, de Napoléon-Vendée, de Toulouse et de Nancy. Les quatorze autres appartiennent à des particuliers qui reçoivent une subvention : ce sont les écoles de Bordeaux, Tarbes, Pau, le Dorat (Haute-Vienne), Étrepagny (Eure), Feurs (Loire), Airel près Saint-Lô (Manche), Nantes, Rennes, Poitiers, Angers, le Mesle-sur-Sarthe (Orne), Dozulé (Calvados), et Saint-Maixent (Deux-Sèvres).

Les chevaux de rebut sont fournis aux paysans peu aisés, par des maquignons, moitié aubergistes, moitié cultivateurs, qui font leur commerce dans les bourgs et les petites villes.

Les chevaux de luxe sont tout aussi chers en province qu'à Paris; je n'en veux pour preuve que les chiffres portés sur les états signalétiques des animaux mis en vente par les écoles de dressage. On y trouve des chevaux de coupé, âgés de quatre ans, annoncés

2,500 et 3,000 fr., et des paires de chevaux
du même âge, au prix de 5,000 et 6,000 fr.
Ce sont là des chevaux largement payés, car
à quel genre de service un cheval de quatre
ans est-il propre, même lorsqu'il a été convenablement élevé, et, à plus forte raison, quand
il a été élevé comme la plupart, presque sans
avoine? Sauf ceux qui ont eu la bienfaisante
hygiène de l'entraînement, cas exceptionnel
pour les produits de demi-sang, ces animaux
dont la dentition est inachevée ou achevée
par la clef de Garangeot, sont encore des poulains. Il faut les attendre au moins un an, en
prenant des voitures de louage chaque fois
qu'on a à faire une course longue ou difficile.
On dépense beaucoup d'argent en frais de
vétérinaire et de drogues, pour soigner les
refroidissements et les gourmes interminables
que les écuries chaudes, le changement d'air
et de nourriture, et les stations prolongées
dans les rues pendant les soirées ou les visites,
développent infailliblement au bout de peu
de jours. Je ne parle pas des fluxions de poitrine, qui pourtant ne sont pas rares. En cal-
culant un peu, il est facile de se rendre

compte du prix énorme auquel revient une paire de chevaux achetés à quatre ans, au moment où elle peut réellement faire un bon service.

Le grand commerce parisien se fait, comme chacun sait, entre la place de la Concorde et l'entrée du bois ; celui des chevaux de second ordre est disséminé dans tous les quartiers ; enfin, celui de troisième catégorie a son siége principal aux abords du marché aux chevaux et du boulevard de l'Hôpital. Tout le monde connaît les deux établissements du Tattersall et de la rue de Ponthieu, pour la vente aux enchères publiques. En dehors du commerce proprement dit, il y a beaucoup de courtiers, de cochers sans place, et même de gentlemen tondeurs, qui se livrent au maquignonnage ; ceux-là vivent d'épaves. Quelques gens du monde ont aussi la passion du brocantage des chevaux ; pour ceux-là, il n'est pas probable qu'ils se fassent annuellement les mille écus de rente promis dans l'*art d'élever les lapins.* Je n'en parlerai donc que pour mémoire.

Je n'entreprendrai pas de décrire et de juger ici une industrie aussi complexe, aussi chan-

ceuse, aussi attaquée, et, comme je l'ai dit
en commençant, aussi difficile. Je dirai simplement que les marchands de chevaux sont
de parti pris jugés très-durement, et accusés
à tort et à travers de supercherie et de mauvaise foi. Sans doute, il y en a dans le nombre
qui manquent de loyauté et de délicatesse,
mais tous les négoces comptent des hommes
tarés, sans que pour cela on décrie la profes-
sion entière. Le commerce des chevaux est
peu lucratif, la preuve c'est qu'on cite peu ou
point de fortunes considérables qui y aient
été acquises, et, au contraire, beaucoup de
ruines ou de positions précaires. Les marchands ont peu de crédit auprès des banquiers, et leur papier n'est pas recherché, tant
s'en faut; ils ont une peine inouïe à le négo-
cier. Personne ne leur vient en aide, et chacun
leur jette la pierre.

Pourtant ils n'achètent pas toujours heu-
reusement; ils ont le chapitre, le gros chapitre des accidents, des mortalités, des cas
rédhibitoires, de la cherté des fourrages, d'un
personnel nombreux et des loyers exorbitants.
Aussi ils restent à peu près toute leur vie

dans les affaires, et ceux qui se retirent ont
une aisance des plus modestes.

Ceux qui sont honnêtes (je ne parle pas des
autres) souhaitent, comme tout commerçant,
vendre à un prix avantageux une marchandise
qui satisfasse l'acheteur et qui l'engage à revenir chez eux. Ils cherchent à se former une
clientèle, car la clientèle est la base du commerce durable ; c'est elle qui le soutient dans
les années mauvaises. Beaucoup donc font des
sacrifices réels pour arriver à ce but, mais
bien peu l'atteignent ; cela se comprend plus
facilement qu'on ne le supposerait d'abord.
La nature de la marchandise est essentiellement conventionnelle ; l'acheteur veut un
cheval excellent à bon marché, il ne tolère
aucun défaut, et tous les chevaux en ont ; dès
qu'il en découvre un à l'animal dont il est
devenu possesseur, il crie au voleur, sans
tenir compte des qualités de sa bête et de son
appropriation au service qu'il exige. Celui-ci
veut des chevaux très-ardents ; il ne comprend
pas qu'on se serve du fouet, et il ne sait pas
mener, ou bien son cocher est un maladroit ;
naturellement il arrive bientôt un accident,

et vite on s'écrie que le marchand a vendu des chevaux impossibles; si le cocher n'est pas content de la gratification qu'il a reçue, il fait encore plus de bruit que le maître. Celui-là demande un cheval ayant beaucoup de fond, et surtout se nourrissant bien ; or, le palefrenier mange l'avoine de concert avec le grainetier : le cheval maigrit et devient lâche et sans haleine. C'est un animal qui ne mange pas, dit audacieusement le Frontin malhonnête. — Je crois bien, gredin ! et voilà encore un marchand qui a trompé son client.

Tel autre, plus injuste encore, a acheté un cheval il y a quinze jours ; l'animal tombe malade ou boiteux dans son écurie, et notre homme d'affirmer que le marchand savait bien que la bête ne valait rien, au moment où il l'a vendue. Encore une friponnerie.

Un jeune homme est enchanté de son acquisition, c'est rare, mais enfin cela se voit ; il rencontre un jour un ami sur un cheval préférable au sien, plus brillant ou plus vite ; immédiatement, sans tenir compte de la différence de prix ou d'âge, ou de soins à l'écurie, circonstance capitale, il se considère comme dupé par le vendeur.

Les exemples fourmillent pour attester l'injustice de beaucoup de jugements portés sur les marchands de chevaux ; néanmoins je ne prétends pas demander qu'on leur érige des statues et je ne réclame point pour eux les honneurs de l'apothéose. Je constate simplement les critiques saugrenues et je les signale.

Si l'on veut admettre qu'il y a peu de bonne foi dans ce genre de commerce, raison de plus pour les acheteurs de prendre leurs précautions, d'examiner avec soin, avec défiance, l'objet qui leur est présenté, et de le faire visiter pendant les délais de garantie, par un vétérinaire consciencieux. Les achats dits de confiance ne sont pas les meilleurs, en fait de chevaux comme pour toute autre marchandise.

On examine le cheval en vente sous trois aspects ; à l'écurie, en montre à la main, et attelé ou monté, suivant l'emploi qu'on veut lui assigner. Je dirai en passant qu'on devrait faire essayer à la selle, même les chevaux d'attelage. Méfiez-vous d'un carrossier qui ne veut pas garder un homme sur son dos.

Les deux premiers examens ne prouvent pas grand'chose, même pour un connaisseur véritable ; néanmoins il faut s'assurer autant que possible des points suivants :

Si, à l'écurie, avant toute excitation préalable, le cheval n'a pas une mauvaise tenue accusant la fatigue ou l'usure, s'il paraît solidement d'aplomb sur ses membres ; s'il ne cherche pas à tiquer, à mordre ou à donner des coups de pieds ; et surtout si les palefreniers du lieu, gens hardis pour la plupart, ont l'air de l'aborder avec précaution pour lui mettre le bridon.

Au sortir de l'écurie, examiner la ligne du dos, du rein et la direction de la croupe avant que le cheval soit arrivé au plan incliné d'avant en arrière sur lequel il va être immédiatement conduit ; car sur ce terrain béni, il n'y a plus de garrots bas, de reins creux, de croupes avalées. La rosse la plus fieffée prend une noble attitude et le gingembre dans l'anus détache la queue du corps et lui donne l'aspect d'un panache splendide. Ce n'est pas qu'il

4.

faille critiquer l'usage du gingembre chez un marchand, puisque cette pratique est aujourd'hui générale et s'exécute dans les écuries particulières bien tenues, chaque fois que le maître monte à cheval. Cette substance produit un trompe-l'œil momentané, et son effet ne subsiste guère, hélas !

Je ne sais pourquoi, à propos de gingembre, je grille d'envie de raconter ici une histoire un peu *shocking*.... mais bah ! ce livre ne sera pas lu par des dames. Un paysan naïf, il y en a eu, conduisait à la foire, avec un simple licou, une jument de nature irritable et d'allures médiocres. Arrivé à la ville, il voit dans une écurie, un garçon de marchand de chevaux sortir de son gousset un petit fragment de racine grisâtre, le mâchonner un instant, et l'introduire prestement avec la main, vous savez où. Stupéfait de cette opération bizarre, il attend un moment favorable, prend l'homme à part, et lui demande en quoi consiste et à quoi sert le «sortilége» qu'il a vu exécuter. Le loustic refuse toute explication avant de s'être fait préalablement payer un déjeuner solide au cabaret voisin. Bien repu, il livre son

secret avec la manière de s'en servir, et dé-
clare à son amphytrion que le gingembre a
pour effet certain de faire courir les chevaux
très-vite. Le villageois administre à sa bête
une forte dose du précieux ingrédient (c'est le
mot, j'espère!), et les voilà partis tous deux
pour le champ de foire. La jument, chatouillée
désagréablement et d'une manière inusitée,
se met à ruer, à sauter et à courir, entraînant
au bout de la longe du licou le bonhomme,
qui ne peut la retenir. Enfin, à bout de
jambes, après un quart-d'heure de danse ma-
cabre, il parvient à l'arrêter à l'angle d'un
chemin désert. « Ce gars-là avait raison, s'é-
crie-t-il, son sortilége a donné un tel train à
Bijou, que je ne peux plus la suivre ; comment
faire? Ah! pardine, faut pas de honte, je m'en
vais m'y en mettre itou. » Il y en mit et fut
heureux.

Je reviens au port de queue élégant, qui
ajoute assurément à la beauté du cheval, au
brillant de son tableau. Il est artificiel ou naturel. Le premier, quand il est le résultat du
gingembre, produit, nous l'avons dit, une illusion de courte durée ; l'opération du nique-

tage, consistant à inciser les muscles abaisseurs au profit des releveurs supérieurs, est aujourd'hui abandonnée à peu près partout, sauf en Allemagne. Quant à l'écourtage ou section d'un certain nombre de nœuds du tronçon, il n'offre aucun inconvénient et est souvent utile, en donnant au tronçon une longueur proportionnée à la taille et à la force de l'animal. Le beau port de queue naturel est une précieuse particularité, très-recherchée de beaucoup d'amateurs, mais qui n'est pas, comme quelques-uns le croient, l'indice de qualités supérieures. On le rencontre ordinairement, il est vrai, chez les animaux de grande origine, de belle construction et d'énergique nature ; mais on le trouve peut-être plus fréquemment encore chez les chevaux d'un modèle distingué au point de vue bourgeois, à petits moyens, à croupe haute et horizontale, à rein long, creux et faible. Ceux-là ont toujours la queue très-détachée, dès qu'ils ont un cavalier sur le dos, par suite de la pression sur une colonne vertébrale sans force ; de même, les points extrêmes d'une planche mince posée au-dessus d'un ruisseau, sont soulevées alternativement ou ensemble, suivant la position occupée par la personne qui traverse ce pont volant, et plus ou moins suivant le poids à porter. Ils sont gracieux et coquets, aux allures raccourcies, et pendant une promenade de peu de durée, mais incapables d'efforts puissants. En revanche, on peut citer des chevaux de premier ordre qui ont peu ou point de port de queue, surtout parmi les chevaux de pur sang célèbres. En somme, c'est une coquetterie de la nature, et une grande, je l'admets ; mais on y attache quelquefois une importance exagérée, quand on achète un cheval.

L'animal en vente, étant placé en repos à la montre[1], on examinera son ensemble, l'expression plus ou moins farouche et animée de sa physionomie, sa taille, la direction régulière et la netteté de ses membres. On fera

1. Ce livre étant destiné aux gens du monde, je supprime dans les indications données pour l'examen du cheval en vente, les nombreux détails qui exigent des études et des connaissances hippiques spéciales, ou qui sont du domaine de la science vétérinaire ; inutiles aux gens du métier, ces développements manqueraient de clarté pour beaucoup de lecteurs.

lever les *quatre* pieds, non-seulement pour
s'assurer de l'intégrité des talons et des fourchettes, de la concavité plus ou moins grande
de la sole, mais aussi pour voir s'il n'y a pas une
ferrure spéciale, indiquant la présence d'une
maladie en traitement ou d'un vice de struc-
ture, et pour avoir la certitude que l'animal
n'est pas difficile au ferrage. Voilà ce qui m'est
arrivé pour avoir négligé cette précaution :

J'avais fait lever les pieds postérieurs d'un
cheval que je voulais acheter et qui m'avait
paru disposé à frapper méchamment; il n'a-
vait pas bougé, et on le rentrait à l'écurie,
lorsque le marchand me dit d'un air dégagé :
« Voulez-vous, monsieur, qu'on lève aussi les
pieds de devant? » Ils paraissaient beaux,
bien conformés, et je n'avais trouvé, en essayant le cheval, aucun symptôme de boîterie ; aussi je répondis étourdiment : « Non,
c'est inutile ; il les donne facilement, n'est-ce
pas? — Oh! parfaitement. » Le cheval me
fut livré le lendemain, et mon domestique
me prévint qu'il avait au pied antérieur gauche
un fer particulier; en effet, la branche interne
était très-couverte.

Je le fis déferrer immédiatement. Sous la-
dite branche, je trouvai une bande de cuir,
sous le cuir des étoupes, et sous les étoupes
des bleimes jeunes, vieilles et entre deux âges.
Mon bucéphale était archi-bleimeux, il le
fut toujours, et de plus assez souvent boiteux, par les fortes gelées, ou la grande
chaleur.

J'eus la naïveté de me plaindre au marchand, qui me répondit d'un air candide :
« Mais, monsieur, je ne vous ai pas trompé ;
c'est vous qui vous êtes trompé ; je vous ai
même demandé si vous vouliez qu'on levât
les pieds de devant, et je n'étais pas obligé à
cela, je suppose. » Furieux de cette logique
à la fois brutale et machiavélique, j'aurais
désiré ce jour-là voir tous les marchands de
chevaux accrochés aux ormes des Champs-
Élysées. Pourtant cet homme était dans son
droit, et, s'il me lit, il verra que je suis
calmé ; il m'avait vendu son cheval conformément aux garanties exigées par la loi
promulguée pour tout le monde. C'était à
moi de faire un examen complet et de choisir
un cheval ayant de bons pieds, puisque je

me mêlais de choisir moi-même. Si un marchand était obligé de déclarer aux acheteurs
les défauts de ses chevaux, il n'en vendrait
pas un seul. Comme aucun animal n'est parfait, si la législation n'avait pas déterminé
les défectuosités et les vices entraînant la
rédhibition, chaque vente de cheval donne-
rait lieu à un ou plusieurs procès.

Au pas et au trot, au bout de la longe, on
doit regarder si l'animal porte bien la tête,
marche sans se traverser et les membres en
ligne; s'il s'arrête franchement, s'il tourne
facilement *des deux côtés* ; s'il pose les pieds
bien à plat; si les battues du trot sont régulières et produisent à l'oreille le son de temps
parfaitement égaux. Quant à la surexcitation
factice et aux allures ultra-brillantes, que la
peur des coups et l'habitude de la montre
donnent accidentellement au cheval, il faut
intérieurement beaucoup en rabattre. Il est
bon de prier le marchand de s'abstenir de
faire suivre la bête avec un fouet, et de rester
sourd aux éloges hyperboliques que naturellement, il fait de sa marchandise, comme
tout bon négociant. Aujourd'hui la réclame

écrite ou parlée fait partie intégrante de l'industrie dans tous les pays du monde ; elle a ses degrés depuis le pître des baraques foraines jusqu'aux colossales annonces des grands journaux. En Orient, le maquignon arabe, le beni-Adda, déploie un luxe de métaphores très-séduisant. Ainsi, en vous montrant son cheval, il dira :

« Découvre son dos [1] et rassasie ton œil.

« Ne dis pas que c'est mon cheval, dis que « c'est mon fils.

« Il devance l'aurore, le coup d'œil.

« Il est pur comme de l'or.

« Il a la vue si bonne qu'il voit un cheveu « pendant la nuit.

« Au jour de la poudre, il se réjouit du « sifflement des balles.

« Il atteint la gazelle.

« Il dit à l'aigle : Descends ou je monte vers « toi.

« Quand il entend les cris des jeunes filles, « il se met à hennir de joie.

« Quand il court, il arrache la larme de « l'œil.

1. *Daumas*, chevaux du Sahara.

5

« Quand il paraît devant les jeunes filles,
« il mendie avec sa main.

« C'est un cheval des jours noirs quand la
« fumée de la poudre vient obscurcir le
« soleil.

« C'est un cheval de race, la tête des che-
« vaux.

« Personne n'a jamais possédé son pareil.
« Je compte sur lui comme sur mon cœur.

« Il n'a pas de frère dans ce monde, c'est
« une hirondelle.

« Il écoute ses flancs et observe toujours les
« talons de son maître.

« Il comprend aussi bien qu'un fils d'Adam ;
« il ne lui manque que la parole.

« Il a le pas si doux que, sur lui, tu por-
« terais une tasse de café sans la renverser.

« Une musette le rassasie, un sac le couvre.

« Il est si léger qu'il danserait sur le sein
« de ta maîtresse sans le froisser. »

Le langage imagé des enfants du désert est
vraiment d'un grand style; aussi, ai-je pré-
féré le citer tout au long que de rendre les
mêmes idées avec les mots techniques de la
langue commerciale européenne, où l'on

parle du cheval sain et net, bien jambonné, membré, culotté, râblé, étoffé, branché, etc., c'est toujours l'éloge de la chose à vendre, mais quelle différence de coloris!

Pour l'essai du cheval, l'acheteur doit se trouver présent quand on met la selle et la bride, il verra ainsi si l'animal se laisse sangler commodément et s'il est tranquille au montoir.

Il le fera exercer aux trois allures, en commençant par le pas, et en terminant par le galop à droite et à gauche. En commençant par le pas, il sera plus facile de reconnaître la présence d'une boîterie à froid, l'irrégularité des mouvements se montrant dès la sortie de l'écurie pour disparaître peu à peu pendant l'exercice; en terminant, au contraire, par le galop, on aura quelque chance de découvrir les symptômes de la boîterie dite intermittente à chaud, l'animal étant, dans ce cas, très-droit au départ et devenant boiteux après avoir travaillé quelque temps. L'acheteur examinera si le cheval ne perd pas, monté, la moitié des moyens qu'il avait à la montre, ce qui arrive souvent; il demandera à le voir reculer. Il remarquera si en passant et repassant devant la porte du marchand, l'animal n'essaye pas de rentrer, malgré l'adresse du piqueur qui le monte. Le cas serait grave, car le piqueur connaît cette défense, et comme il est habitué à présenter ce cheval aux clients il fait tous ses efforts pour la paralyser ou pour la dissimuler. Il y a parmi ces gens-là beaucoup de cavaliers médiocres, mais on y rencontre aussi des hommes hors ligne; tout Paris a vu le piqueur anglais de M. Moyse, nommé, je crois, Henri Plumfield; c'est non-seulement un cavalier d'un tact et d'une puissance remarquables, mais encore d'une élégance et d'une régularité de tenue qui peuvent servir de modèle à beaucoup de gentlemen. Aussi je n'engagerai personne à acheter un cheval qu'il verrait se défendre, monté par lui à l'heure de la montre, dans le trottoir de son patron, et devant des acheteurs.

Si on est satisfait de cet essai, on devra demander à monter le cheval; cela est indispensable avant de rien conclure : un homme n'achète pas un chapeau avant de l'avoir mis sur sa tête. On montera le cheval un peu loin

de la maison du marchand, et, s'il est possible, sur le pavé et au milieu des voitures,
dans les rues bruyantes. Si on est accompagné
par le vendeur, ce qui arrive généralement,
on se détachera quelquefois de lui, dans le
cours de la promenade, pour s'assurer que le
cheval ne refuse pas de marcher isolément et
qu'il ne *tient* pas aux autres chevaux. Au retour, on l'arrêtera devant la porte de la maison, on le fera entrer et ressortir plusieurs
fois.

Alors seulement l'acheteur saura si le cheval
lui convient, et disons-le, s'il convient au
cheval; et il pourra, dans l'affirmative, se décider à ouvrir les cordons de sa bourse.

Tel cheval trouvé trop chaud ou trop froid
par celui-ci, est au contraire juste à point pour
celui-là; c'est comme le potage. Un animal
brillant à la montre, deviendra lourd et désa-
gréable sous l'homme; tandis que cet autre,
calme et paisible en main (et ce ne sont pas les
plus mauvais ni les plus bêtes), sera précisément léger, souple et vigoureux, dès qu'il sera
monté.

Avant d'acheter, il faut bien savoir ce qu'on

veut faire de sa monture, si l'on tient au brillant ou au fond, au modèle ou aux moyens; car, si l'on veut toutes les qualités réunies, on payera un prix fou pour n'avoir qu'une partie des perfections rêvées.

Dans l'achat des chevaux d'attelage, on se trouvera à l'écurie pour les voir garnir; on saura, de cette manière, s'ils réclament des précautions pour le passage du collier, ou pour recevoir la croupière; on assistera à la mise dans les brancards ou au timon; on appréciera le calme ou la brusquerie du départ, la manière dont les chevaux tournent et reculent, le plus ou moins d'appareillement de taille et d'allures sous le harnais. On s'assurera que les chevaux tirent également, et qu'ils peuvent indifféremment être placés à droite ou à gauche du timon; qu'ils ne tirent pas sur chaînettes et qu'ils s'attellent seuls aussi bien qu'à deux. On les mènera soi-même, et surtout on les fera mener à son cocher; car ils peuvent être trop fins ou trop vigoureux pour lui, et, dans ce cas, il faut opter entre les chevaux ou l'homme, malgré les prétentions de ce dernier; autrement on s'expose, et on expose sa famille aux accidents les plus graves, avec les meilleurs chevaux.

En rentrant, on verra si les chevaux sont calmes à l'arrêt; s'ils passent devant la porte du marchand, sans chercher à s'y précipiter en faisant des lançades; s'ils sont calmes pendant qu'on les dételle, et s'ils ne bougent pas quand on retire la croupière et surtout le collier sans précautions particulières. J'ai vu des chevaux manqués, auxquels il fallait retirer le collier et la bride en même temps, et pour ainsi dire d'un seul coup. La bride à œillères étant enlevée d'abord, dès qu'ils voyaient l'homme élevant les bras, approcher de leurs oreilles le collier retourné, ils étaient pris d'une panique telle qu'ils grimpaient dans la mangeoire ou pointaient à se renverser. Peut-être jadis était-il arrivé ceci: un collier trop étroit s'était trouvé, au moment où on l'enlevait, arrêté aux tempes, exerçant une pression sur les yeux et sur les oreilles repliées brusquement; le palefrenier, trop paresseux pour retirer les attelles (cela s'est vu), avait persisté à vouloir arracher brutalement le collier, et le cheval, éperdu, s'était

enfui au travers de l'écurie ou dans la cour,
portant accrochée à sa pauvre tête une sorte
de cangue, plus douloureuse que celle des
Chinois.

L'acheteur exigera toujours que les chevaux soient attelés sans plate-longe au tilbury
du vendeur. Il devra même, en les essayant,
laisser quelquefois tomber légèrement la mèche
du fouet sur la croupe, pour s'assurer qu'ils
ne sont pas rueurs. Sans doute, en principe,
on doit attaquer le cheval d'attelage entre le
collier et la sellette, mais il faut qu'un carrossier *sûr* endure sur ses reins, ses flancs et sa
croupe, le frôlement du fouet, et celui d'une
guide ou d'une couverture qui tombe, sans
riposter au moindre attouchement par une
ruade qui brise le garde-crotte ou la coquille.

Voici les principales ficelles du maquignonnage actuel, ou du moins celles qu'on peut
reconnaître sans être vétérinaire ou habile
connaisseur [1].

1. J'en omets beaucoup, qui sont pourtant très-répan-
dues, mais dont la constatation est difficile; ainsi l'extrac-
tion des dents de lait pour vieillir le poulain et le vendre à
quatre ans comme s'il en avait cinq, et la contre-marque

Les naseaux de l'animal à gourme rebelle ou à vieux jetage, sont soigneusement épongés par le palefrenier, lorsqu'il lui met le bridon pour le présenter ; s'il vient à tousser en arrivant au grand air, le maquignon, d'un air mécontent, dit au piqueur, véritable Frise-Poulet de la baraque : « Toujours du foin poudreux ! C'est une désolation ! Tous mes chevaux toussent depuis que j'ai pris ce nouveau grainetier ! » Ou bien, soulevant les paupières du cheval : « Encore un que la force du sang commence à gêner ; tu le saigneras demain matin ; une saignée de 2 kilos au moins. »

La place sans poils, ou le poil blanc des genoux couronnés, sont teints suivant la nuance des jambes. Quand la plaie n'a pas détruit le poil, mais l'a fait repousser court, dur et droit, il est couché à l'aide de corps

---

destinée à rajeunir les vieux chevaux. Peu d'amateurs sont aptes à lire l'âge dans la bouche du cheval. Dans ce cas, l'acheteur prudent doit exiger au bas de la quittance que le vendeur lui remet en échange du prix, l'insertion de la clause suivante : « Je garantis que le cheval a tel âge. » Avec cette pièce, il peut faire reprendre le cheval, si son vétérinaire, en venant le visiter pour les cas rédhibitoires, constate une supercherie.

5.

gras. On devrait toujours regarder de près les genoux et les palper.

Des bandages compressifs de toile ou de flanelle, aidés de réfrigérants ou d'astringents, et appliqués chaque nuit, font momentanément disparaître les molettes et les engorgements des membres. Les seimes sont mastiquées comme les fentes d'une boiserie, avec de la cire mêlée d'ardoise pulvérisée; et, comme on l'a vu précédemment, des ferrures orthopédiques peuvent pallier les boiteries et les affections du pied.

Pour la boiterie à froid et celle de l'éparvin sec, un exercice préalable donné de grand matin avant l'heure où la clientèle arrive, les dissimule notablement; quelquefois une petite écorchure est pratiquée à un jarret taré, pour faire croire à une boiterie insignifiante produite par un accident, un coup frappé dans la stalle, ou toute autre cause sans importance.

Enfin, pendant l'examen, le vrai maquignon est constamment occupé à détourner l'attention qu'on porte sur une tare, en vantant la tête ou le port de queue; il débite son boniment, emperlé de cris et de mots anglais lancés à tout hasard ; il exécute derrière le cheval, pendant le trot, des roulements de canne dans son chapeau, et des reniflements très-variés ; il imite le soufflement du chat en colère. En un mot, il *travaille*.

Pendant ce temps, Frise-Poulet, l'œil sur le patron, ne néglige ni les mouvements brusques, ni les saccades de bridon, qui peuvent maintenir l'animal dans un état d'agitation et de mobilité qui entrave tout examen sérieux.

J'ai été, cette année même, témoin d'une rouerie assez compliquée, à propos de la vente d'un cheval. C'était un très-beau cheval alezan, affligé malheureusement d'un suros placé très en arrière et assez fortement engagé sous le tendon du canon droit pour gêner l'action dudit tendon et occasionner la boiterie en cas de travail prolongé. La rareté des poils et leur dureté sur la tumeur indiquaient la récente application de charges résolutives. A la montre l'animal était droit au pas, mais au trot *c'était contestable*.

Acheté par un amateur qui le trouva parfaitement droit, le cheval devait lui être livré trois jours après à son domicile, distant de

plusieurs lieues de celui du marchand. Il
arrive boitant tout bas, boitant horriblement,
même au pas, de la jambe opposée à celle du
suros. Le domestique du marchand entre
très-gaillardement dans la cour de l'acquéreur surpris, et lui tient à peu près ce langage :
« Je suis désolé d'amener à Monsieur un cheval
boiteux, mais ce matin on l'a fait ferrer avant
de partir, et cet imbécile de maréchal lui a
donné maladroitement un coup de boutoir,
comme Monsieur peut s'en assurer. J'ai pensé
que ce n'était rien , et j'ai amené le cheval tout
de même ; mais si cela contrarie Monsieur, je
vais m'en retourner, et on ne livrera le cheval
qu'après guérison. » Tout cela fut dit avec
aisance et bonhomie ; le pied fut levé et on
put constater, sur un des talons, une récente
et profonde coupure dont les bords enflammés
par la marche justifiaient et au-delà la boiterie ; les fers étaient tout neufs. L'acquéreur
garda le cheval et le guérit du coup de boutoir ; aujourd'hui il ne boite plus... que du
suros, qui a pris des proportions respectables.
Le joli de cette ficelle, à mon avis, le voici : le
coup de boutoir administré naïvement du côté

du suros, aurait pu attirer l'attention sur celui-ci, éveiller la méfiance et être considéré comme donné avec intention, Mais, de l'autre côté, c'est le sublime de l'art. De cette manière, le suros demeure inoffensif ; le cheval boite de l'autre jambe. La boiterie ultra-aiguë imaginée à gauche, fait momentanément disparaître la boiterie chronique et peu accusée de la jambe droite.

Toutes ces roueries sont bien vieilles, car en 1755 Garsault, capitaine en survivance du haras du Roy, disait déjà en parlant des maquignons : [1]

« On ne peut limiter toutes les fourberies
« de ces Messieurs ; car ils en inventent à me-
« sure qu'ils en ont besoin... Premièrement
« ils ne laissent guères le cheval en repos :
« ils font ce qu'ils peuvent pour lui maintenir
« la tête haute et plus il est pesant et pares-
« seux, moins vous venez à bout d'empêcher
« celui qui le monte de le tenir perpétuelle-
« ment en agitation. S'il part au galop et qu'il
« sache que les reins et les jambes de son

1. Le nouveau parfait maréchal, 3e éd., Paris, MDCCLV.

« cheval ne valent rien, il s'agitera et donnera
« des mouvements à son cheval qui seront
« capables de vous éblouir : enfin, ces gens-
« là ont une façon de monter les chevaux sur
« ce que les marchands appellent *la montre*,
« qui est un espace de terrein qu'ils choi-
« sissent, pour faire voir et monter leurs che-
« vaux ; ils ont, dis-je, une façon de les mon-
« ter si extravagante, que vous ne pouvez
« quasi rien découvrir du cheval, si vous ne
« le montez longtemps vous-même, et hors de
« leur montre : c'est alors qu'il faut en agir
« tout différemment ; ne songez qu'à l'apaiser,
« afin qu'il puisse oublier la crainte dans la-
« quelle il étoit ; ne lui demandez rien, me-
« nez-le la bride sur le col : en un mot, lais-
« sez-le aller entièrement à sa fantaisie : par
« cette conduite, vous découvrirez infaillible-
« ment son caractère, et soit ardeur ou pa-
« resse, ce qu'il a de force ; quelles sont ses
« allures, s'il a la jambe sûre et la bouche
« bonne, s'il est peureux ou rétif. En l'atta-
« quant des deux, ce qu'il ne faut faire qu'à
« la fin, vous connoîtrez s'il est sensible à
« l'éperon ; et s'il n'est point ramingue ; le

« cheval ramingue est celui qui recule au
« coup d'éperon seulement : enfin vous pour-
« rez voir alors si c'est un bon, médiocre ou
« mauvais cheval. »

Il est difficile de donner plus clairement de
meilleurs avis pour l'essai du cheval par l'a-
cheteur, qui ne devrait jamais agir à l'étour-
die, mais méditer avant de rien conclure,
ce conseil arabe :

« Prends garde de trouver un cœur de
« vache sous une peau de lion. »

Le marché fait, il n'y a plus désormais
qu'une consolation, c'est le vieux proverbe
assez impertinent :

> Des femmes et des chevaux,
> Il n'en est point sans défauts.

CHAPITRE TROISIÈME

Le Débourrage.

En ouvrant le dictionnaire de l'Académie, (édition de 1835), aux mots *dresser, débourrer*, je lis que dresser veut dire former, instruire, et n'est plus usité qu'en parlant des animaux ; que débourrer un cheval, c'est commencer à l'assouplir, à le rendre propre aux usages auxquels on le destine. Il paraît en outre que ce verbe s'applique aussi aux jeunes gens : « Débourrer un jeune homme, lui faire perdre le « mauvais ton, les manières gauches, l'air « embarrassé qu'il avait, et le former, le fa- « çonner. Mettre un jeune homme dans le « monde, dans les bonnes compagnies, pour « le débourrer. »

Ainsi, on peut correctement écrire ceci :
« Chère Madame, je vous envoie mon fils ; le
« pauvre enfant sort du collége, débourrez-
« le, je vous prie. » C'est correct, mais néanmoins un peu dur à entendre.

La trouvaille m'a peu satisfait, je l'avoue ;
j'espérais rencontrer quelque définition con-
cise et élégante dûe à un Immortel, homme de
cheval ; il y en a peut-être un sur les quarante.
Faute de mieux, et de mon crû, j'appellerai
dressé le cheval qui, à toutes les allures, répond promptement et docilement aux aides du
cavalier ou du cocher ; et simplement débourré, l'animal commençant à marcher sans
se défendre, et droit devant lui, sous un
homme, au timon, ou dans les brancards.

Les jeunes chevaux qui ont été déjà employés aux travaux agricoles, sont débourrés
à la hâte par les piqueurs des marchands, ou
dans les écoles de dressage, ou simplement
par le cocher de la personne qui les achète ;
ce système réussit pour ceux qui sont d'un
bon caractère ; les autres ont une existence
assez orageuse, et changent de mains jusqu'au
jour où ils ont trouvé leur maître.

Il y a peu d'années les chevaux des pays d'herbages étaient tous vendus au bout de la corde, et les acquéreurs s'en tiraient comme ils pouvaient ; aujourd'hui, grâce à la création des Écoles de dressage qui ont prouvé l'énorme plus-value du cheval vendu attelé ou monté, les éleveurs envoient beaucoup de leurs chevaux dans ces établissements. D'autres les font débourrer chez eux soit par un piqueur à demeure, quand leur écurie comporte cet emploi, soit par des piqueurs ambulants qui vont tantôt chez un propriétaire, tantôt chez un autre, armés d'une mauvaise selle, d'une vieille paire d'éperons à courroies et surtout de l'inévitable trique, qui joue un rôle trop important dans l'éducation des chevaux. Ces gens-là ont pour la plupart beaucoup de solidité, une grande hardiesse, surtout après boire, mais leur brutalité et leur ignorance gâtent un grand nombre de poulains. Les marchands font débourrer chez eux par des hommes en général adroits et courageux, mais auxquels l'œil du maître est absolument indispensable.

Les chevaux dressés, bien conformés, et par

conséquent agréables à mener ou à monter,
assouplis sans être amollis, vigoureux sans
brutalité, et brillants sans être acculés ou ap-
puyés à l'extrême sur la main qui les dirige,
sont en somme très-rares dans notre pays; j'en
appelle à la bonne foi de tous ceux qui, par
métier ou par goût, ont monté ou attelé une
grande quantité de chevaux. On me répondra
peut-être que le mérite intrinsèque d'un cheval aide puissamment à faire valoir son dressage, et que les animaux d'élite sont rares
partout; aussi n'est-ce pas spécialement d'eux
qu'il s'agit, et je persiste à dire que le nombre
des chevaux bien dressés *dans la limite plus ou
moins étendue de leurs moyens naturels et des
qualités qui leur sont propres,* est très-restreint.
Les animaux intéressants, *amusants* à mener,
soit par leur brillant, soit par la franchise de
leurs allures carrées, ne se rencontrent guère
que dans les écuries de quelques amateurs; la
plupart sont déjà âgés, et depuis longtemps
aux mains de véritables hommes de cheval.

Le fait que je signale sera facilement admis
si l'on considère que ce n'est pas le goût du
cheval, mais le désir de le vendre, ou de

l'employer au plus vite avec une complète
insouciance de sa condition, qui préside à son
éducation ; on n'a pas le temps de songer à
son avenir ; l'enchaînement logique et progressif des moyens destinés à le rendre tout à
la fois docile, intelligent et énergique, et
l'hygiène à suivre pour seconder ces moyens,
sont absolument négligés ; il y a précipitation,
et surtout indifférence. Aussi que d'excellents
chevaux meurent après avoir été toute leur
vie des bêtes médiocres, parce qu'on n'a jamais
cherché à en tirer parti !

Jadis, « je parle de longtemps, » l'équitation était élevée à l'état de science, et Montaigne a pu dire avec vérité : « Je n'es-
« time point, qu'en suffisance et en grâce à
« cheval, nulle nation nous emporte. » Il y
avait moins de gens à cheval, mais il y avait
peut-être plus de cavaliers, dans le sens qu'a-
lors on donnait à ce mot ; c'était une équitation perdue dans les sphères éthérées des pe-
sades, du mezair, des croupades et autres
ballotades ; elle était dans les mœurs du temps,
elle n'est plus dans les nôtres ; *sic transit gloria
mundi*. Je n'ai aucune raison d'en désirer le

retour ; mais au moins, on peut constater que
c'était un art en grand honneur, une chose
savante enseignée avec dignité, et que les personnages les plus haut placés se faisaient une
gloire de professer, dans des leçons publiques.
Aujourd'hui on en revient par trop à l'équitation instinctive, qui consiste à monter à cheval
comme on monte à l'échelle, sans avoir
appris.

Si M. de La Guérinière avait entendu les
gentilshommes auxquels il enseignait l'assiette
du « bel homme de cheval, » tenir le langage
suivant que tout le monde aujourd'hui peut
souvent entendre : « Voilà mon fils (ou même
ma fille) en âge de monter à cheval ; j'ai un
excellent cocher, pas maladroit du tout, qui
lui donnera quelques leçons, cet été, à la
campagne ; Oh ! mon Dieu, *pour lui faire
prendre le fond de la selle, simplement ;* je vais
me remettre à monter un peu pour l'accompa-
gner dans quelques jours, quand il sera devenu *tout à fait* cavalier, » il est probable que
ce brave M. de La Guérinière aurait frémi d'in-
dignation sous sa perruque poudrée.

Et si un petit groom d'écurie fashionable

était venu dire l'an passé à M. Henri Jennings, le plus remarquable entraîneur, sans contredit, que nous ayons jamais eu en France : « J'ai pansé des chevaux de course, j'ai « même donné quelques galops, et si A. « Watkins est malade, je monterai, je crois, « passablement Perle dans l'Omnium, » il est permis de croire qu'il aurait été assez mal reçu.

Les hommes qui ont passé leur vie dans la pratique d'un art quelconque et qui y sont devenus célèbres, savent, par une longue expérience, qu'il n'y a pas de science infuse. « Beaucoup de gens prétendent sçavoir bien « prêcher et raisonner par science infuse : Il « n'en est pas de mesme pour monter à che- « val, cela ne vient que par une longue pra- « tique, un grand estude, et un pénible « apprentissage qui vous peut former l'habi- « tude et vous donner la facilité et la liberté « non-seulement de bien mener les chevaux, « mais de corriger et mesme prévenir leurs « fautes. Ce sera l'exercice bien réglé qui vous « donnera cette habitude sans laquelle on ne « réussit jamais à aucune chose, où il faut

« que le corps aye tant de part comme en ce
« mestier icy[1]. »

Actuellement, nous avons une vingtaine de
gentlemen-riders, quelques chasseurs de renard, et un certain nombre de cavaliers élégants et de coachmen accomplis, qui font
honneur à notre pays; mais si l'on examine
pendant tout un hiver le nombre considérable
de personnes qui parcourent l'avenue de
l'Impératrice et le bois, à cheval ou en voiture, on sera surpris de trouver aussi peu de
chevaux bien montés ou bien menés. Dans
une ville telle que Paris, qui attire pendant la
saison une énorme affluence de personnes
riches et élégantes, la rareté des hommes de
cheval, relativement à la grande quantité de
chevaux et de voitures, est un fait réellement
surprenant.

On finira par ne plus monter à cheval que
le matin, et par atteler pendant l'après-midi;
l'attelage tend à absorber l'équitation, qui
déjà consiste souvent à fumer des cigares autrement qu'à pied, en voiture, en wagon ou

1. Newcastle. Paris, MDCLXXVII, p. 36.

en barque. Il est certain que pour cette besogne le savoir n'est pas plus nécessaire que
les bons chevaux. Avec un reste de cheval,
acheté cinq cents francs au Tattersall, *pour son
joli modèle*, le moindre cocodès peut « faire
son bois » à l'heure où se promènent M. Ma-
ckensie-Grièves, M. le comte du Bourg, et
M. de Saint-Germain.

Les maîtres illustres ne nous manquent
pourtant pas, et tous les genres d'équitation,
celle dite du dedans, comme celle du dehors,
sont représentés en France par des célébrités
devenues européennes.

Des talents comme ceux de MM. le comte
de Montigny, Pellier, Victor Franconi, de Lan-
cosme-Brèves, Baucher, peuvent assurément
former des cavaliers remarquables; presque
tous ont en outre écrit des ouvrages didacti-
ques dont l'étude est d'une grande utilité. Les
écrits de M. d'Aure, mort tout récemment après
une longue et glorieuse carrière, ceux de M. le
baron de Curnieu, et surtout le charmant traité
d'équitation si clair, si simple et si pratique
de mon maître et ami Jules Pellier fils, professeur aussi savant que modeste, sont des livres

6

dont la lecture aide singulièrement le travail quotidien du cavalier qui veut mériter ce nom.

Quelques bonnes publications anglaises, Stonehenge, Robinson, Nimrod, récemment traduites dans notre langue, sont aussi à même de nous faire profiter de la science hippique sérieuse et approfondie de nos voisins.

Et les vieux auteurs que j'allais oublier ! Grison, Newcastle, La Broue, Garsault, La Guérinière, Dupaty de Clam ! Que de précieux documents enfouis dans les vénérables in-folios qu'ils nous ont laissés ! Malheureusement beaucoup de gens connaissent à peine le nom de ces auteurs ; quelques-uns ont regardé en souriant le titre et les planches gravées, et très-peu de personnes ont lu le texte avec attention.

Certes, l'enseignement ne nous fait pas défaut, mais il faut avouer que la passion hippique ne talonne guère la majorité des Français ; je désire et j'espère être d'ici à peu d'années taxé d'exagération et même d'erreur, et voir le goût du cheval *national* chez nous comme il l'est en Angleterre, en Allemagne et chez les Arabes; mais, malgré les progrès que nous avons faits depuis quinze ans, on peut reconnaître que nous sommes loin d'avoir atteint ce résultat. J'écris de bonne foi, et non pour faire mal à propos du chauvinisme, ou pour rédiger des comptes-rendus de réunion d'actionnaires, il m'est donc loisible de dire que nous n'aimons pas les chevaux; nous sommes d'ailleurs la première nation du monde, c'est convenu.

Nos classes populaires supposent que chez les gens riches, les chevaux sont plutôt une affaire de luxe et de morgue vaniteuse qu'un goût sérieux, et c'est souvent vrai, malheureusement. Aussi la vue d'un cheval bien monté, ou d'un équipage brillamment attelé, au lieu d'éveiller chez elles, comme chez l'ouvrier anglais, pourtant si misérable, la sensation du plaisir des yeux et l'idée de l'orgueil national satisfait, excite de prime abord un sentiment de jalousie ou d'amour-propre froissé.

Le Derby est la plus grande fête du peuple anglais, aussi bien pour le lord que pour le commerçant et le simple artisan. A Londres, les boutiques sont fermées ; la cité est déserte, et les discussions parlementaires interrompues le jour de cette grande course ; le fait est historique. Et quel enthousiasme ! Il faut avoir vu ce spectacle pour comprendre à quel point il remue toutes les fibres de la nation anglaise. Ce n'est pas au retour d'Epsom que l'étranger pourra constater le flegme britannique.

Mais je m'aperçois que le flegme, ou plutôt le calme, laisse beaucoup à désirer dans ce qui précède, et qu'il est urgent de clore cette tirade pessimiste pour revenir au dressage des jeunes chevaux.

Newcastle dit que « tout poulain qui a esté « monté dans sa jeunesse par un homme de « cheval, en vaudra mieux toute sa vie, et il « sera plus agréable, plus agile et mieux « allant qu'il n'auroit esté, s'il n'avoit esté « commencé par un homme de cheval ; per- « sonne ne peut nier cette vérité. »

La Guérinière nous apprend « qu'il y avait « autrefois des personnes préposées pour « exercer les poulains au sortir du haras,

« lorsqu'ils étaient encore sauvages. On les
« appelait cavalcadours de bardelle[1] ; on les
« choisissait parmi ceux qui avaient le plus
« de patience, d'industrie, de hardiesse et
« de diligence, la perfection de ces qualités
« n'étant pas si nécessaire pour les chevaux
« qui ont déjà été montés ; ils accoutumaient
« les jeunes chevaux à souffrir qu'on les ap-
« prochât dans l'écurie, à se laisser lever les
« quatre pieds, toucher de la main, à souffrir
« la bride, la selle, la croupière, les san-
« gles, etc. Ils les assuraient et les rendaient
« doux au montoir. Ils n'employaient jamais
« la rigueur ni la force qu'auparavant ils n'eus-
« sent essayé les plus doux moyens dont ils
« pussent s'aviser ; et par cette ingénieuse
« patience, ils rendaient un jeune cheval fa-
« milier et ami de l'homme, lui conservaient
« la vigueur et le courage, le rendaient
« sage et obéissant aux premières règles. Si
« l'on imitait à présent la conduite des an-
« ciens amateurs, on verrait moins de che-

1. La bardelle correspondait à ce qu'on nomme aujour-
d'hui dans les campagnes un panneau ; c'est une longue selle
sans arçon, faite de cuir ou de toile, et bourrée ou piquée.

« vaux estropiés, ruinés, rebours, raides et
« vicieux. »

Ces deux citations prouvent que les vieux
maîtres attachaient une grande importance à
la première éducation des poulains. Quelles
braves gens que ces cavalcadours de bardelle,
malgré leur affreux nom ! Aussi la race en
est perdue, comme on voit, depuis plus d'un
siècle.

Les Anglais manient fréquemment les poulains, et apportent des soins minutieux à leur
débourrage. Les promenades en main avec le
jockey «muet,» que nous appelons en France
le jockey de bois, les promenades avec la
selle et les étriers pendants, le travail à la
longe, rien n'est négligé, pour bien préparer
l'animal au dressage.

Quant aux Arabes, on peut se convaincre,
en lisant le livre si intéressant du général
Daumas, *Les chevaux du Sahara,* des précautions infinies qu'ils emploient pour donner au
poulain, dès l'âge de dix-huit mois, une docilité complète. « Quand il est entravé devant
« la tente, on place à côté de lui, pour l'habi-
« tuer à rester tranquille, un petit nègre,

« avec une baguette. Ce jeune esclave a
« mission de le corriger doucement, soit
« quand il donne des coups de pied à ceux qui
« passent derrière lui, soit quand il veut
« mordre ses voisins. On le surveille ainsi
« jusqu'à ce qu'il soit amené à la douceur la
« plus complète. A l'âge de vingt-quatre à
« vingt-sept mois, on commence à brider et
« à seller le poulain, mais ce n'est point en-
« core sans de grandes précautions. Ainsi on
« ne le sellera que lorsqu'il sera déjà habitué
« à la bride. Pendant plusieurs jours on lui
« met un mors entouré de laine brute, tant
« pour ne pas offenser ses barres que pour
« l'engager à le conserver dans sa bouche par
« ce goût salé qui lui plaît. Il est bien près
« d'y être fait quand on le voit mâcher. Cet
« exercice préparatoire se fait matin et soir.
« Le jeune animal arrive ainsi bien ménagé,
« à n'être monté qu'au commencement de
« l'automne, où il aura moins à souffrir des
« mouches et de la chaleur. »

« Dans quelques tentes de distinction, avant
« de faire monter le poulain par un homme
« fait, on le promène doucement pendant une

« quinzaine de jours chargé d'un bât sur-
« monté de paniers que l'on remplit de sable.
« Il passe ainsi progressivement du premier
« poids de l'enfant qu'il a porté à celui de
« l'homme qui va bientôt le monter. »

Tout cela n'est pas du temps perdu, car
les Bédouins disent sous forme de proverbe
que :

> Le cavalier fait le cheval
> Comme le mari fait la femme.

La comparaison admissible peut-être avec
les mœurs orientales serait impertinente en
Europe, et manquerait de justesse; dans nos
climats, ce sont quelquefois les femmes qui
font les maris; honni soit qui mal y pense.

Voici la progression que j'emploie dans le
débourrage des poulains; je ne prétends pas
qu'il n'y ait rien de mieux à faire; mais
comme les moyens que j'ai mis en œuvre
m'ont réussi sur un grand nombre de chevaux, je les indique avec assurance. Je ne crois
pas avoir inventé, ni fait des découvertes ex-
traordinaires; mais j'ai toujours suivi un
ordre régulier dans ma façon de procéder

et c'est probablement à cela que j'ai dû le succès. Du reste :

Ce qu'on fait maintenant, on le dit ; et la cause
En est bien excusable : on fait si peu de chose !
Mais, si peu qu'il ait fait, chacun trouve à son gré
De le voir par écrit dûment enregistré [1].

Je dirai d'abord que l'emploi de la violence, utile parfois avec les chevaux faits quand ils sont vicieux, me semble entièrement condamnable avec les poulains ; je ne vois aucune circonstance où il soit nécessaire d'y avoir recours, sauf le cas urgent de l'administration d'un remède très-difficile à faire prendre.

Je suppose le poulain quittant l'herbage et définitivement mis en box. On lui mettra le licol avec douceur et patience, pendant qu'il mangera l'avoine ; à ce moment c'est plus facile ; on le laissera libre. Il ne faudra essayer à l'attacher à la mangeoire qu'au moment du repas du matin, pendant lequel on fera le pansage. Le bout de la longe passé dans l'an-

1. Musset, *Poés. nouv.*

neau de la mangeoire sera retenu par un
simple nœud coulant afin qu'en cas d'accident
le palefrenier puisse détacher l'animal en un
clin d'œil. Occupé de son repas et de l'homme
qui le panse, le poulain ne songera pas à tirer
au renard, et il sera d'ailleurs facile de l'en
empêcher en passant derrière lui et en lui
donnant sur la croupe quelques petits coups
de baguette, s'il y a lieu. Il faut prévenir à
tout prix cette détestable manie, cause de tant
d'accidents, et si difficile à combattre quand
elle est enracinée par le succès, c'est-à-dire,
quand l'animal a réussi à casser son licou ou
sa longe. Plus tard, quand il se tiendra parfaitement tranquille attaché pendant le pansage, on fera bien de le mettre pendant quelques heures tous les jours dans une stalle à
côté d'un cheval paisible ; le système d'attache
des deux longes avec billots est le meilleur.
Le soir on le remettra en liberté dans son box
pour la nuit, et on ne se décidera à le maintenir constamment attaché que lorsqu'on le
croira parfaitement habitué à ses liens. Il est
utile d'aller très-progressivement.

Certainement tous les chevaux sont beaucoup mieux et plus sainement en liberté qu'en stalle, les jeunes surtout; mais il faut de bonne heure les habituer à l'attache et profiter pour cela du moment où l'on commence leur éducation, et où la volonté de l'homme se substitue à la leur. C'est déjà demander de la soumission et faire comprendre à l'animal qu'il n'est plus son maître. Cela s'enchaîne logiquement avec les autres pratiques du dressage. Dès que les poulains sont bien accoutumés à respecter leurs liens, non-seulement il n'y a aucun inconvénient à les remettre en box, mais c'est très-avantageux pour le développement de leurs membres, la régularité de leurs aplombs, et leur santé générale.

Après le pansage, pendant lequel on agira prudemment, en évitant de chatouiller l'animal, de l'inquiéter par le frottement de l'étrille sur les parties osseuses, et de provoquer aucune défense, on essayera de lever les pieds; les premiers jours on se contentera des moindres preuves de bonne volonté, et on les récompensera par des caresses. Il ne faut pas vouloir du premier coup, et en dépit des résistances, curer les pieds, les laver, en un mot, faire un pansage en règle à un malheureux animal que tous ces attouchements inconnus mettent en émoi. Si le poulain quand le groom, son devoir accompli, le détache avant de sortir du box, ne conserve pas de ce premier pansage, la moindre sensation de crainte, il y a un grand pas de fait; le lendemain il sera relativement très-facile et au bout de huit jours il donnera ses quatre pieds comme un vieux cheval, et frottera joyeusement la mangeoire du bout de son nez à chaque coup de brosse.

Généralement, avant de rien entreprendre, je commence par purger le poulain avec une ou deux doses d'aloès proportionnées à son âge, à sa force, et à son tempérament. La veille, l'avoine est supprimée et remplacée par de légers barbottages qui disposent les voies digestives aux effets de la médecine. La dose du purgatif varie entre vingt et trente-cinq grammes d'aloès des Barbades, car le succotrin, dont j'ai essayé, fait peu d'effet, et il faut en donner une quantité triple, qui fatigue inutilement l'animal. Cette première médecine, outre qu'elle excite les organes digestifs à un accomplissement plus énergique de leurs fonctions, favorise l'appétit, et donne de l'haleine en aidant à la diminution de l'énorme bedaine que les poulains rapportent des pâturages. Chez eux, le volume trop considérable des viscères abdominaux empiète tellement sur celui de la poitrine, qu'il est impossible de les sangler à l'endroit convenable.

Quand un poulain a des vers, ce qui est ordinairement indiqué par l'amaigrissement, le ventre ballonné, le poil piqué, la manie de lécher la mangeoire et de frotter la queue contre les murs, je diminue un peu la dose d'aloès et j'administre en même temps de 40 à 50 grammes d'huile empyreumatique, selon l'âge. Il vaut mieux donner en deux fois, à quatre ou cinq jours d'intervalle.

L'écurie produit assez promptement, chez les jeunes chevaux sanguins, un état pléthorique et presque inflammatoire; dans ce cas les muqueuses sont très-rouges, la bouche est chaude et les vaisseaux engorgés. Une petite saignée, précédant de huit jours le purgatif, m'a souvent en pareille circonstance fait éviter les coryzas, les gourmes et les engorgements des membres.

7

Je ne me presse pas de faire ferrer, si je puis commencer le débourrage du jeune cheval sur un terrain gazonné; je préfère attendre qu'il se laisse manier facilement et qu'il donne ses pieds sans résistance; j'ai alors le loisir d'examiner sa façon de marcher, la nature de ses aplombs, afin de faire parer la corne et forger les fers d'après les observations que j'ai pu faire. Avec les poulains irritables, les chevaux de pur sang surtout, j'évite pour la première ferrure, l'épouvantail de la forge, je les fais ferrer à froid à l'écurie, s'il y a assez de jour, en les laissant attachés comme ils le sont ordinairement, la tête tournée vers le râtelier qui est bien garni, pour qu'ils puissent manger tranquillement en se préoccupant le moins possible de l'opération. Si l'écurie est sombre, je fais tenir l'animal au bridon dans un endroit isolé où rien ne puisse l'inquiéter: on ne l'attache pas, mais on le tient en main et on ajoute au bridon un caveçon dont on lui donne de petites saccades très-légères, chaque fois qu'il essaye de retirer ses pieds.

On doit attacher une grande importance à la première ferrure, et demander au maréchal toute la somme de patience et de douceur qu'il possède; souvent on n'en aura pas beaucoup. Quant au teneur de pieds, la promesse d'un fort pourboire agira plus sur son imagination que les plus beaux axiomes de la société protectrice des animaux. Il est très-utile que les fers soient légers, les clous fins de lame, et les étampures éloignées des talons. La mauvaise humeur des cochers et la brutalité des maréchaux rendent beaucoup de jeunes chevaux intraitables après leur première ferrure; je laisse de côté le chapitre des accidents; il est très-long. Le propriétaire d'un poulain de prix, ou un homme tout à fait de confiance, devrait toujours être présent à la première ferrure; ce ne serait pas du temps perdu.

Au lieu de monter le jeune cheval en bridon et avec une couverture, je commence le débourrage immédiatement avec la selle et les étriers, et un mors Pelham.

Pendant plusieurs jours, avant de donner le repas du matin, on met au cheval la selle sur le dos avec les étriers pendants, en sanglant d'abord très-peu, surtout si l'on a affaire à une jeune jument ayant déjà pouliné; il s'en

trouve dans la vallée d'Auge et dans le Merlerault, qu'on fait dresser à cinq ans, et plus
tard, après qu'elles ont donné un ou deux
poulains, et elles éprouvent des effets de la
sangle une gêne et une terreur extrêmes.
Entre autres exemples, je puis citer une belle
carrossière âgée de six ans [1], appartenant à
M. Larivière-Lecherpin, propriétaire à Éca-
jeul, près de Mezidon ; je dressai cette jument
en 1860, et elle eut une prime de dressage au
tilbury, à Guibray. Au début de son éducation,
commencée comme on voit, un peu tard, elle
refusait complétement de faire un pas, et se
couchait même, dès qu'elle était sanglée légèrement. Je fus obligé de lui laisser la sellette
sur le dos à l'écurie, pendant toute la journée,
durant une semaine environ, en sanglant progressivement, et ce moyen me réussit parfaitement.

Dès que le poulain est sellé, on lui donne
immédiatement son avoine. Au bout de deux
ou trois jours, il croit que cette avoine est
pour ainsi dire la conséquence de la pose de

---

1. Par Fitz-Pantaloon et une fille de Voltaire.

la selle sur son dos, et il admet sans la moindre inquiétude ce qu'il considère comme un préambule obligé du déjeuner.

Les soins du pansage et un fréquent maniement des oreilles rendent très-facile l'action de brider. Il est utile d'introduire un doigt dans la bouche du poulain, entre les incisives et les molaires, pour lui faire écarter les mâchoires, et de veiller à ce qu'une des oreilles ne reste pas repliée sous la têtière ; car alors l'animal se met à secouer la tête, et la défense peut commencer. On tiendra la gourmette du Pelham très-lâche, et on mettra toujours la fausse gourmette, car avec ce mors surtout, les animaux ont plus de facilité à prendre la mauvaise habitude de saisir une branche entre leurs dents.

Puis on se place à l'épaule droite du cheval, et on l'habitue à répondre aux effets du mors et à tourner la tête à droite, sur la traction moelleuse et simultanée des deux rênes droites du Pelham. On passe du côté gauche, où on répète la même leçon avec les deux rênes gauches. On exige peu de chose à la fois, mais on répète cet exercice tous les jours avant le

travail. Ensuite, pour préparer de longue date
le poulain aux effets des jambes, on lui fera
ranger les hanches à droite et à gauche, en le
touchant doucement avec une cravache derrière le passage des sangles, précisément à
l'endroit où agit le talon du cavalier. Cette
leçon sera également donnée tous les jours.
Cela fait, on met le caveçon au cheval; on le
sort de l'écurie en veillant à ce que ni la selle,
ni les étriers ne puissent s'accrocher dans les
battants de la porte, et on le promène quelques instants au pas. En arrivant sur le terrain
choisi pour l'exercice, je commence par habituer le cheval à venir à moi, sur la traction
de la longe du caveçon, suivant la méthode
enseignée par M. le comte de Montigny, dans
son excellent ouvrage intitulé : *Manuel complet de l'éducation et de l'hygiène du Cheval*[1]. J'ai
obtenu en très-peu de temps, par ce moyen,
une telle soumission de la part des poulains
irritables, que je crois devoir citer textuelle-
ment l'auteur de cette « *leçon fort importante
et partout négligée,* » comme il le dit lui-même
avec beaucoup de vérité.

1. Paris, Roret, 1854.

« On se placera devant le cheval en lui
« rendant une brassée de longe, et on com-
« mencera à exercer progressivement une
« traction de cette longe dans le but de l'ame-
« ner à soi en lui parlant. Le cheval fera
« presque toujours un effort en sens inverse ;
« on persévérera dans la traction au même
« degré que précédemment ; mais aussi,
« comme le cheval, plus puissant que l'homme
« pourrait triompher dans la lutte, on don-
« nera l'extrémité de la longe à tenir à un ou
« à deux hommes qui n'auront d'autre mis-
« sion que de seconder la puissance inerte de
« traction de la longe pour la rendre égale à
« la résistance que le cheval opposera, et
« d'attendre patiemment que, cédant à la
« persistance des hommes qui l'attirent, il se
« porte docilement en avant. On le flattera
« alors, et on recommencera ce travail pen-
« dant un quart d'heure environ, ce qui, in-
« failliblement, amènera dès la première le-
« çon un résultat sensible. Il pourra arriver
« que certains chevaux, de nature plus sau-
« vage ou plus irritable, se secoueront avec
« colère et chercheront à se soustraire en se

« renversant ; il ne faudra cependant, dans
« aucun cas, lâcher et rendre la longe, mais
« persévérer, quand même, dans la lutte, pour
« en sortir triomphant. Les chevaux d'ailleurs,
« peuvent, comme nous l'avons démontré,
« bondir et même tomber sans courir grand
« danger sur un sol aussi mou que celui de
« leur carrière. Une fois cette première leçon
« bien donnée, il est rare que le cheval résiste
« aussi violemment. »

Je mets ensuite le poulain un quart d'heure
environ au pas, au trot et au galop, en cercle,
à la longe, à droite et à gauche, et je le rentre
à l'écurie ou préférablement dans un box
pour lui donner la leçon du montoir. J'ai toujours remarqué que cette leçon si délicate
avait des résultats plus prompts et plus sûrs
dans l'écurie que partout ailleurs. Là, le poulain se sent chez lui, partant plus en confiance ;
les bruits du dehors ne l'inquiètent plus, il
n'est pas distrait, il se rend un compte exact
de ce qui se passe autour de lui, et il comprend très-vite qu'on ne veut pas lui faire de
mal.

Quand tous les travaux qui précèdent sont

exécutés facilement, je fais marcher le cheval dans son box autour des quatre murs en restant sur son dos sans me servir de ma main ni de mes jambes. Un homme le conduit en le tenant par la longe et le dirige ; quant à moi, je le flatte sur l'encolure, et je lui parle doucement, mais là se borne d'abord mon action sur lui.

Enfin, tout en revenant chaque jour aux exercices précédents, j'arrive à monter le cheval devant la porte de l'écurie, je le promène au pas sur le terrain choisi pour l'exercer, en le faisant tenir à la longe par un homme, jusqu'à ce qu'il tourne facilement à droite et à gauche, qu'il s'arrête et qu'il reparte sur les indications que je lui donne peu à peu avec les rênes et les pressions de jambes. Puis, je le promène plusieurs jours de suite sur la route au pas, et quand il est en confiance, je risque quelques départs au trot toujours en le faisant tenir et en lui faisant donner quelques bonnes saccades de caveçon, s'il se met à bondir en passant du pas au trot.

Lorsque tous ces exercices vont bien, je supprime la longe du caveçon, mais je le laisse

7.

sur le nez du cheval, et, pendant quelques
leçons, l'homme qui m'accompagne le tient
dans sa main et marche à côté de mon cheval
pendant deux ou trois minutes au moment du
départ, tout prêt à remettre la longe en cas
de défense. Si le poulain est indocile, je reviens de suite au caveçon et à l'exercice du
trot en cercle à la longe avant de monter à
cheval.

Quelques personnes trouveront peut-être
en tout ceci un certain luxe de précautions;
mais j'avoue que recherchant dans les chevaux la gaieté, la confiance et la gentillesse du
caractère, j'ai depuis longtemps renoncé dans
le débourrage, à la brutalité, aux coups de
bâton sur la tête, et à toutes les autres ama-
bilités que la colère inspire aux ignorants ou
aux tout jeunes gens voulant montrer leur solidité, sans s'apercevoir qu'ils prouvent leur
maladresse et leur vanité. J'évite le châtiment
ou je le retarde autant que je peux; je tiens à
le donner à propos et quand je suis à peu près
sûr de rester sur le dos du cheval que je corrige, sans me pendre aux rênes du bridon
qui le retiennent tandis que je le frappe

pour le porter en avant. En outre, le nombre des chutes que j'ai faites pour avoir agi autrement me semble très-suffisant pour un seul homme, et j'ai de plus remarqué que chacune desdites chutes encourageait le jeune cheval dans ses résistances et retardait de beaucoup les progrès de son éducation.

Un poulain qui, sans se défendre, porte son homme sur la route au pas et au trot, et qui s'embarque, sans bondir et sans s'emporter, à un galop très-primitif, soit à droite soit à gauche (peu m'importe pour le moment), est déjà à un bon point de débourrage. Il n'est pas dressé tant s'en faut, mais il est apprivoisé et dompté.

On peut entreprendre son éducation de cheval de selle, et étendre ou compléter le dressage suivant le service auquel l'animal est destiné; un *cavalier* (je souligne le mot), à quelqu'école qu'il appartienne, pourra sans danger se livrer sur lui à l'équitation qu'il préconise, et développer les moyens ou les allures qu'il affectionne. Un entraîneur pourra commencer à lui donner un bon *canter* avec la connaissance des éperons. Un coachman pourra entreprendre à propos le dressage au harnais, dont je parlerai tout à l'heure.

Qu'on me permette néanmoins de dire, même à ceux qui n'aiment que les allures brillantes ou raccourcies de la promenade et du manége, qu'il est indispensable, si on veut faire un vaillant cheval pour l'avenir, d'étendre le plus possible les allures du poulain, le pas surtout, afin de développer les membres, la poitrine, et le jeu des articulations, avant de rechercher le cheval, de le raccourcir et de le renfermer. Entre les mains des amateurs qui ne veulent pas admettre cette vérité, de jeunes chevaux bien conformés, bien nés et remplis d'action, sont condamnés à demeurer toute leur vie des bêtes molles, enterrées, sans allures, ou maussades et ramingues.

Quels que soient les principes qui servent de base à l'éducation d'un poulain, que le dresseur ait puisé sa science à Saumur, dans un manége, dans une écurie de course ou de chasse, en Angleterre, en Allemagne ou en France, il ne devra pas oublier que le dressage exige, indépendamment de toute science hippique, de la réflexion, du calme et une grande régularité de méthode.

« Mettez de l'ordre dans vos leçons, dit
« J. Pellier fils [1] ; sans doute il ne faut pas
« exiger d'un jeune cheval de la précision,
« mais gardez-vous d'imiter ces cavaliers qui
« promènent leurs chevaux sur le terrain,
« sans direction, demandant sans savoir
« pourquoi, du pas, du trot, des tourners,
« s'arrêtant et repartant, comme s'ils obéis-
« saient aux caprices de leur imagination,
« et embrouillant tout, faute de but arrêté et
« de réflexions préalables. Le cheval neuf
« n'arrivera à vous comprendre que lentement
« et progressivement ; s'il y a dans votre en-
« seignement désordre ou manque de suite,
« vous n'obtiendrez que deux résultats : l'hé-
« bétement de l'animal ou la lutte perpétuelle,
« suivant la nature du sujet. Quelquefois vous
« aurez le tout à la fois. Tracez-vous donc
« mentalement avant de monter à cheval, le
« travail que vous devrez demander ; raison-
« nez-le d'avance et examinez s'il y a lieu à
« répéter ou à progresser. »

1. *L'Équitation pratique,* 2e éd. Paris. Hachette, 1863.

Quand le dressage d'un poulain, même
d'un poulain destiné au harnais, est assez
avancé pour qu'il galope franchement à droite
et à gauche, et qu'il se porte vigoureusement
en avant sur les éperons et le coup de cravache, je lui apprends à sauter. Le saut, quand
on n'en abuse pas, et que les obstacles sont
proportionnés à l'âge, à la conformation et au
degré de sang de l'animal, est un exercice
excellent qui rend les jeunes chevaux adroits,
francs, les met en confiance, augmente leur
docilité et fortifie leurs reins et leurs jarrets.
Le poulain qui, dès l'âge de deux ans, a appris
à sauter, passera partout à l'âge de cheval ; il
touchera ou tombera si l'obstacle est au-dessus
de ses forces, mais il ne refusera ou ne se déro-
bera presque jamais. Je puis donner pour
exemple Magenta, cheval de pur sang, par
Lanercost et Corysandre, appartenant à M. Lavignée, et qui serait un de nos meilleurs chevaux de steeple-chase, le premier peut-être,
s'il avait un peu de repos, et s'il n'était pas
toute l'année en wagon ou sur l'hippodrome.

M. Lavignée me le confia pour le dresser au
sortir de l'herbage, le 28 septembre 1861,

avant de l'envoyer chez un entraîneur. Le poulain était fort et très-net dans ses membres, ayant deux ans et demi et n'ayant pas encore été monté, ce qui arrive rarement aux poulains de pur sang. Il était destiné aux courses plates, et en effet, au printemps suivant, il gagna le Derby normand. Je le gardai jusqu'au 23 novembre.

Comme, sauf un peu de sauvagerie, son débourrage ne présenta aucune difficulté, au bout de trois semaines je lui appris à sauter d'abord des barres à la longe et en cercle, sans cavalier, suivant la vieille et bonne méthode anglaise, adoptée pour les hunters. Je faisais ce travail tous les deux jours, le matin, pendant dix minutes; six ou huit sauts, pas plus, la barre posée à 80 centimètres. Puis, je rentrais le cheval à l'écurie, et je le montais dans l'après-midi. Quand il sut franchir, je profitai des longues promenades au pas que je faisais avec lui dans la campagne, pour le présenter, tantôt sur le pas, tantôt sur quelques foulées de galop, aux petits obstacles que l'on trouve partout aux champs à cette époque de l'année. Au mois de novembre, la plupart des labours d'hiver sont terminés, on a de l'espace devant soi. Les haies dépouillées de feuilles n'offrent plus de hauteurs bien terribles pour le sauteur novice ; il y a à choisir, aux limites des champs et des chemins d'exploitation, des sauts en contre-haut ou en contre-bas, et des fossés tantôt secs, tantôt inondés par les pluies d'automne. Cette variété a le grand avantage de l'imprévu. Aux yeux toujours un peu méfiants du poulain, le cavalier n'a pas l'air de chercher des obstacles pour le forcer à sauter ; les sauts sont pour ainsi dire amenés par le hasard, par la nécessité de continuer sa route de l'autre côté de l'objet à franchir. Tous les hommes de cheval comprendront l'influence de cette idée sur le jeune animal, et combien elle accroît sa confiance en celui qui le monte ; de plus l'acte de sauter, fait dans de semblables conditions, ne lui laisse aucun mauvais souvenir.

Ainsi, pour Magenta, bien qu'au sortir de chez moi il soit resté huit à neuf mois sans sauter une paille, non-seulement dès sa première course d'obstacles, il a tout passé franchement, mais je n'ai pas connaissance que jusqu'à présent il se soit jamais dérobé ou qu'il ait refusé. Il est quelquefois tombé, et souvent de fatigue parce qu'on l'a fait travailler plus qu'aucun cheval de steeple-chase, (et il n'a que cinq ans); mais il a toujours couru en brave et vaillant cheval.

J'ai suivi la même méthode avec un grand nombre de poulains très-différents de race et de conformation; assurément, tous ne sont pas devenus des sauteurs mais tous ont acquis de la franchise et de l'adresse. Du reste, je dirai en passant que la conformation d'un cheval, son modèle en un mot, n'indique pas d'une manière appréciable son aptitude au saut. J'ai connu des chevaux énormes et lourds en apparence, qui sautaient avec une incroyable légèreté, si on les menait sur un tout petit train, et si on leur laissait le temps de s'enlever, pour ainsi dire suivant leur inspiration.

Aussitôt après le premier débourrage indiqué plus haut, je commence à atteler les poulains, quand bien même ils ne devraient plus tard avoir que la selle sur le dos. Je crois l'attelage utile à tous les chevaux, même au

point de vue d'une saine gymnastique, et la
traction d'un tilbury peu pesant amènera un
jeune cheval nerveux et délicat en bien meilleure condition de membres et de tempérament à l'âge adulte, que le poids d'un homme
même léger.

J'ouvre d'abord une parenthèse pour dire
que je n'ai ni le savoir ni la prétention d'écrire
un traité d'attelage; il y en a déjà beaucoup et
d'excellents, signés par des maîtres, et je serais
mal venu à solliciter un brevet s. g. d. g. Je
désire seulement faire connaître la manière
dont j'ai appliqué à l'éducation des jeunes
poulains les principes de manége qui m'ont été
donnés par M. Philippe Lucas, l'habile atte-
leur dont tout le Paris hippique admire le tact
et l'intrépidité. Ma parenthèse est close, et
j'entre en matière.

Chaque matin, quand le débourrage au
harnais est entrepris, le poulain est monté
comme à l'ordinaire une demi-heure environ,
et avant le repas de midi on lui met la sellette
et la croupière dont le culeron est bien graissé;
on sangle peu, et on passe dans le crochet
d'enrênage de la sellette une longe qu'on

noue un peu lâche autour de l'encolure, afin
que si le poulain rue, il ne puisse se dégarnir
en faisant glisser le harnais en arrière. La
croupière est peu tendue, et pour la mettre,
on lève par précaution un pied de devant, ou
on se sert du trousse-pied avec les animaux
chatouilleux et colères. Quand on a souvent
manié la queue du poulain pour laver l'anus
au pansage, on ne rencontre aucune résistance, surtout si, immédiatement après avoir
garni, on jette l'avoine dans la mangeoire
pour détourner l'attention de l'animal. Quand
il a pris son repas, on lui met le caveçon, et
on le tourne dans la stalle. On prend un faux
collier, et l'on met tout le temps nécessaire
(cela durât-il une heure), pour le lui mettre
et le lui retirer en le frottant doucement le
long de l'encolure, en caressant le poulain et
en le mettant en confiance par tous les moyens
possibles, même par une friandise, bien qu'en
principe je n'aime pas les chevaux trop sucrés.
Mais ici le cas est grave, et les bêtes manquées
au passage du collier sont littéralement insup-
portables. On se décide, si le faux collier est
mis facilement, à passer un collier que l'on

choisit *trop large et trop long*. Il ne faut, sous aucun prétexte, qu'il puisse comprimer les yeux ou la base des oreilles; tout serait manqué et peut-être pour longtemps. Puis on bride par-dessus le caveçon dont on a desserré la muserolle pour entrer le mors dans la bouche du poulain. On resserre cette muserolle, on met la gourmette lâche, on se garde bien d'enrêner, et l'on caresse sur toutes les parties du corps l'animal stupéfait de la présence des œillères et persuadé qu'on veut attenter à ses jours.

C'est surtout pour sortir le poulain avec son harnais, qu'il faut éviter que rien ne puisse rester accroché à la stalle ou à la porte ; car, comme il ne voit pas derrière lui ni de côté, il serait pris d'une terreur telle qu'il essayerait peut-être de se débarrasser du harnais par tous les moyens possibles, ou il se précipiterait en avant au risque de renverser l'homme qui tient la longe du caveçon. Si on avait fait la sottise de l'enrêner, il reculerait ou pointerait jusqu'à se laisser tomber en arrière, et il risquerait, entre autres accidents, à attraper des capelets « aux jarrets de derrière », comme disent les connaisseurs bourgeois.

On promènera le jeune cheval un quart d'heure environ, en lui laissant tourner la tête à droite et à gauche, chaque fois qu'il voudra s'assurer de la nature et de la forme des objets qu'il rencontrera ; puis on le mettra quelques minutes au trot en cercle, et on l'arrêtera. On adaptera aux attelles deux traits de tandem, ou des traits ordinaires auxquels on ajoutera des longes ; un homme placé derrière le cheval, les tendra, en frottera les flancs et les cuisses de l'animal, jusqu'à ce que les caresses de celui qui tient le caveçon l'aient familiarisé avec la tension et l'attouchement de ces traits. Enfin on le fera marcher, l'homme exerçant sur les épaules, à l'aide des longes, une traction équivalente à celle d'un tilbury vide.

Quand tout ira bien, grâce à une sage et lente progression, il s'agira de la mise dans les brancards ; car, contrairement à l'usage généralement adopté, je préfère, quand j'ai un peu de temps devant moi, qu'un poulain soit d'abord attelé seul et sans le secours du maître d'école. Ce système est plus lent, mais

plus sûr que l'autre. J'ai toujours vu les chevaux attelés d'abord seuls, marcher merveilleusement à côté d'un camarade, après quelques leçons et souvent du premier coup, et
je connais un certain nombre de paires de
chevaux dont les propriétaires prennent des
fiacres dès qu'un de leurs quadrupèdes est
déferré ou malade. Le plus grand inconvénient
des chevaux commencés au break, est de ne pas
démarrer franchement quand ils sont seuls,
et de *tenir* aux chevaux qu'ils rencontrent.
Que l'on consulte les programmes des ventes
aux enchères publiques, et on pourra y trouver la preuve de ce que j'avance, dans le
grand nombre des chevaux déjà âgés, desquels
il est dit : « s'attelle à deux. » Ceux qui ne seront
pas convaincus, n'auront qu'à acheter un de
ces animaux et à le mettre au dog-cart. Cette
façon de s'instruire coûte cher, mais c'est la
bonne.

L'année dernière, j'ai dressé au tilbury un
très-beau cheval de dix ans, appartenant à un
de mes amis, M. Briand, propriétaire à Vi-
moutiers (Orne). Il s'attelait parfaitement à
deux, je m'en suis assuré, et pourtant il m'a

donné au tilbury plus de peine que la majorité
des poulains de deux ans. Au commencement,
il essayait de se coucher, « de se déshabiller, »
et refusait absolument de partir. Puis il se mit
à démarrer en lançades, mais c'était déjà un
progrès, puisqu'il se portait en avant, et je
ne m'inquiétai point de cette défense qui dis-
parut en s'éteignant seule (pardon !) pendant
le cours du dressage.

Avant de mettre le poulain dans les brancards, je le laisse regarder le tilbury et l'approcher à son aise. Je fais rouler la voiture
par un homme, devant, derrière et à côté du
cheval, jusqu'à ce qu'il n'y fasse plus la
moindre attention. Alors je le place de manière qu'il reçoive doucement les brancards
sur le dos. On boucle la plate-longe, les
porte-brancards, et enfin les traits. Le cheval
a des genouillères. Avec quelques poulains
irritables, je me sers du trousse-pied, ou je
fais lever un pied de devant pendant ces diverses opérations, qui doivent être faites sans
brusquerie, mais lestement.

On ne met pas les guides ; je tiens à la
main une simple longe à démarrer, dont la

fourche est bouclée aux anneaux du banquet, et la longe du caveçon.

Le poulain étant attelé, je n'essaye point de partir ; je le laisse flâner en place et tourner la tête en tous sens. Quand il est très-calme, je tire un peu sur la longe du caveçon en lui parlant, et je tourne sa tête à droite ou à gauche pour le mobiliser plus aisément. Un homme pousse doucement la voiture, le cheval fait quelques pas, j'arrête, je caresse, et je recommence.

La filière est toute tracée. — Promenades sur le terrain d'exercice, l'homme poussant tantôt la voiture quand il y a trop de tirage, tantôt les brancards à droite ou à gauche dans les tournants ; quelque temps de trot ; peu de marche circulaire, pour ne pas augmenter les difficultés. Je ne me presse pas de monter dans le tilbury et de prendre les guides.—Quand le poulain montre un peu de docilité, je le mène sur la route, toujours avec la voiture vide ; s'il est tranquille et sage, et que je me félicite intérieurement de mon travail, des passants surviennent, qui sourient d'un air narquois en me voyant ainsi marcher lâchement à côté de mon véhicule ; je me sens affreusement humilié, mais néanmoins je continue ma honteuse besogne. En rentrant, j'oublie les moqueries des niais, et je me préoccupe exclusivement de faire tenir mon poulain immobile dans les brancards, non-seulement pendant qu'on le dételle, mais même quelques secondes après que les brancards ont été enlevés.

A l'aide de ces moyens peu suspects de sorcellerie, au bout de dix jours environ, je puis monter sur le siége et répéter assez facilement, les guides en main, les exercices qui précèdent, et il est rare qu'après vingt jours je ne sois pas en état de sortir sur la route avec autant de sécurité qu'on peut en avoir en dressant des chevaux. Mon débourrage au harnais est alors terminé, et je puis songer à dresser le poulain, conformément aux principes des maîtres et aux leçons des coachmen en vogue ; je dois lui enseigner le bon appui sur la main, les arrêts et les départs, l'assouplissement des hanches, la marche circulaire avec le pli d'encolure, le remiser sans acculement, la légèreté et la franchise dans tous les

8

changements de direction ; l'habituer au bruit
du fouet d'autrui, et le rendre sensible à
l'attouchement du mien employé comme
aide ou comme correction. Il reste beaucoup
à travailler, comme on voit, mais pourtant je
crois pouvoir affirmer que, lorsque le débourrage préalable a été mené à bonne fin, la
moitié de la besogne est faite, surtout si,
chaque matin, la leçon du cheval monté pendant trois quarts d'heure environ, le prépare
avec intelligence à l'attelage de l'après-midi,
qui doit durer à peu près le même temps. Un
jeune cheval monté en vue de son attelage, et
par l'homme qui doit le mettre dans les brancards, fait en très-peu de temps des progrès
surprenants, qui démontrent jusqu'à l'évi-
dence, l'intime corrélation de tous les moyens
d'action de l'homme sur l'animal, et, par
suite, la nécessité de n'en négliger aucun,
pour arriver à la soumission parfaite.

CHAPITRE QUATRIÈME

L'Emploi des Chevaux.

En France, la manière dont on se sert des chevaux donne lieu en général au singulier contraste d'une très-grande habileté, d'un réel savoir avec l'extrême maladresse et l'ignorance absolue. Il n'y a pour ainsi dire pas de milieu entre les gens très-adroits, en nombre assez restreint, et les gens très-maladroits, qui pullulent. Peut-être cela doit-il être attribué au manque de goût du cheval qui nous caractérise, ainsi que je l'ai déjà répété à satiété dans les chapitres précédents; peut-être aussi à la légèreté de notre caractère, à notre présomption, qui nous empêchent de considérer les chevaux comme des outils dont le maniement ne s'improvise pas, et de traiter les questions hippiques avec le sérieux qu'on y apporte dans d'autres pays.

Chez les Arabes, un bon cheval est souvent une question de vie ou de mort; aussi est-il une chose sacrée et le Prophète a-t-il dit : « Les biens de ce monde, jusqu'au jour du « jugement dernier, seront pendus aux crins « qui sont entre les yeux de vos chevaux. » Les enfants du désert vont jusqu'à émettre cet aphorisme « Celui qui oublie la beauté « des chevaux pour celle des femmes, ne sera « point prospère. » Ceci est par trop bédouin, et je me rabats sur l'Angleterre, dont je raffole, au point de vue des chevaux bien entendu. Là, les gens qui mènent médiocrement ou qui montent à cheval sans grande habitude n'ont pourtant pas l'air maladroit; les premiers tiennent leurs guides à peu près bien, les seconds sont *assis* sur leur selle. Prenons un exemple, non pas dans la gentry, mais dans la rue. Comparez, je vous prie, nos charretiers à ceux des voitures des brasseurs ou des camions de l'important roulage Pickford and C°, que je cite parce qu'on les rencontre à chaque pas dans Londres ; ceux-ci stimulent leurs chevaux avec des paroles amicales et leur donnent des noms affectueux ; les nôtres n'ont pour leur attelage que des expressions de colère, que des jurons, que les termes les plus grossiers, accompagnés de l'inévitable coup de fouet. Voyez également les cochers des cabs et ceux des omnibus anglais, en particulier de celui qui fait matin et soir avec quatre chevaux le service de Croydon à la Cité. Ils sont proprement vêtus, rasés, gantés, ils ont leurs guides et leurs chevaux en main, et sont assis carrément sur leur siége. Quant à celui de Croydon, c'est tout simplement un gentleman qu'on pourrait qualifier d'esquire, ou au moins de « très-honorable, » menant fort élégamment son Four in hand avec une adresse hors ligne. Regardez maintenant les Auvergnats barbus accroupis sur nos fiacres ou les fumistes horriblement coiffés qui conduisent nos omnibus : tous nos cochers de louage enfin, auxquels le peuple donne l'épithète si vigoureuse et si méritée de « mannequins. » Assis de travers, le dos voûté, la tête pen-

8.

chée, ils ne tiennent même plus leurs guides, qui, prises à poignée dans la main gauche, reposent paisiblement sur le genou du même côté, la droite tendue, la gauche pendante; pendant ce temps, la main du fouet est posée sur la cuisse droite, le manche de l'instrument s'appuyant en partie sur les guides, en partie sur le garde-crotte; tout sommeille, le cocher, la voiture, les chevaux; les roues seules, tournant sur place, conservent au voyageur impatienté, qui consulte sa montre avec rage, l'illusion de la locomotion.

Chez nous, ceux qui s'occupent du cheval le font avec passion, mais le grand nombre considère cet utile animal comme une mécanique qui doit tirer ou porter et être conforme à la mode du moment, comme un paletot ou une paire de bottes.

Nos grandes écuries de course ne le cèdent en rien à celles de l'étranger, et leurs propriétaires font tous les sacrifices nécessaires au soutien de l'honneur national. L'Angleterre nous a fourni des entraîneurs de mérite, au premier rang desquels on doit placer M. Henri Jennings. Depuis deux ans, à la tête de l'écurie de M. le duc de Morny, il a déjà prouvé par le succès, sa grande habileté dans le choix des poulains, et cette admirable science de la condition qui lui fait amener au poteau, au jour et pour ainsi dire à l'heure voulue, le cheval « cuit à point » selon l'âge, le tempérament, le poids et la distance.

A côté des célébrités du turf, on assiste parfois à un genre de spectacle assez réjouissant. On voit d'abord, en province, les chevaux de certains éleveurs arriver dans l'enceinte du pesage, dans la forme des animaux présentés à la foire, sous le prétexte qu'avec « l'origine qu'ils ont et la manière dont « ils ont été nourris, un entraînement en « règle est inutile (*sic*). » De plus, on rencontre par-ci par-là à Paris, le matin, dans les allées du bois réservées aux cavaliers, quelque ivrogne fatalement nommé William ou Tom, dont le métier ordinaire est la vente des chiens terriers, galopant à toute vapeur, sans savoir ce qu'il fait, sur un cheval chargé de couvertures. Après cette bizarre équipée, répétée deux ou trois fois sous prétexte de suées, et une dose de médecine administrée avec le même discernement, on est tout surpris de voir apparaître sur l'hippodrome, à propos de pari particulier ou de poule de hacks, un joli petit jeune homme vert, rose ou bleu, mais entièrement neuf, et ressemblant à un bonbon sortant de chez Siraudin. Ledit bonbon s'élance sur la piste, le derrière en l'air, pour imiter le « style » de certains coureurs, et il part à un galop impossible, en compagnie de deux ou trois autres petits amis qui ont organisé cette plaisanterie, et qui chevauchent de la même façon sur des bringues sans train, sans condition et d'une origine douteuse. Le soir venu, on va souper au Café anglais, avec des cocottes dépeignées; et pendant quelques jours il est fort question, parmi ces dames, du petit *un tel*, jeune concubin plein d'avenir, qui a déjà « des chevaux de course. » Déjà! on dirait que c'est le commencement de la fin.

Nos courses de chevaux de demi-sang, si utiles pour la production des carrossiers vigoureux et trottant bien, et des chevaux de selle pouvant porter brillamment du poids, sont en grande voie de progrès et de dévelop-

pement. Une nouvelle société d'encouragement pour l'amélioration du cheval français
de demi-sang vient de se fonder à Caen, à
l'instar de celle qui existe à Paris pour l'amélioration des chevaux de pur sang. « Cette
« société [1], à laquelle ont adhéré déjà des
« notabilités considérables dans le monde
« hippique, a tenu sa première réunion gé-
« nérale le 21 octobre dernier.

« Comme l'indique son titre, cette nouvelle
« institution a pour objet de combler une la-
« cune qui existait pour le cheval de demi-
« sang, de lui donner des encouragements
« plus nombreux et de pousser à un meilleur
« élevage.

« Les statuts que nous publions ci-dessous
« seront répandus par toute la France, dans
« les clubs, les cercles et tous les centres
« agricoles. Nous avons lieu de penser que
« cette création, aussi populaire que patrio-
« tique, sera bien accueillie par le public,
« puisque son but fondamental est de donner
« à nos chevaux une valeur plus considé-

1. *Le Sport,* numéro du 27 novembre 1864.

« rable, et d'assurer d'une manière plus large
« la remonte de l'armée, tout en satisfaisant
« aux besoins toujours croissants du com-
« merce de luxe.

« Après les nombreux et éclatants succès
« remportés en Angleterre par les chevaux
« de pur sang français, il était naturel de
« protéger, sur une grande échelle, le cheval
« de demi-sang qui est son dérivé. Les deux
« institutions se complètent ainsi l'une par
« l'autre ; la seconde est le corollaire de la
« première. »

Suivent les statuts, dont je citerai les deux
articles suivants :

« Art. 1er. Il est formé à Caen une société
« ayant pour but l'encouragement et l'amé-
« lioration du cheval français de demi-sang,
« au moyen de courses annuelles au trot,
« attelées et montées, et au galop avec obs-
« tacles, pour chevaux entiers, hongres, et
« juments de trois à cinq ans.

« Art. 10. Le comité déterminera les en-
« couragements à donner chaque année, et
« les conditions à remplir par les concur-
« rents ; à cet effet, le conseil supérieur pu-

« bliera, avec l'approbation du comité, dans
« le courant de janvier de chaque année, un
« programme et un règlement des courses qui
« auront lieu à Caen, au Pin, à Saint-Lô, etc. »

Voilà qui donne lieu à bien augurer de
l'avenir.

Déjà, du reste, nous avons des éleveurs
sérieux de chevaux de demi-sang faisant
preuve de mérite : ainsi, MM. Forcinal frères
nous ont donné Jason, Y. Mastrillo et Witch ;
M. le marquis de Croix, président de la Société dont il vient d'être question, MM. Le-
febvre-Montfort et Charles Tiercelin, présentent chaque année sur le terrain de course
des trotteurs remarquables. On parle beaucoup des trotteurs américains, dont la plupart
traquenardent horriblement, et sont assez peu
réussis, au point de vue du modèle ; je doute
qu'on rencontre souvent en Amérique des
trotteurs de vitesse ayant, à trois et quatre ans,
les allures dont ont fait preuve Fridoline,
Figaro et la fameuse Bayadère, et surtout la
parfaite condition de membres (cet écueil de
l'entraînement au trot!) avec laquelle mon
honorable ami, M. Charles Tiercelin, a en-

traîné ces trois chevaux. Bayadère en particulier, qui a couru 33 courses et gagné 32 fois,
est aussi nette dans ses aplombs, ses articulations, ses tendons et sa respiration, qu'une
pouliche de bonne origine au sortir de l'herbage. Et pourtant elle a porté jusqu'à 96 kilos
en course, sur des terrains détrempés.

Là aussi nous avons le revers drôlatique de
la médaille : d'abord, messieurs les bouchers
parisiens, qui ont la rage du trotteur et écrasent
les passants sur le train de quatre lieues à
l'heure ; ce train, effrayant dans les rues, serait
ridicule sur un hippodrome, aujourd'hui que
la vitesse moyenne des chevaux de tête varie
entre 7 minutes et 8 minutes 1/2, pour
4,000 mètres, suivant l'état de la piste [1].
N'importe : la plupart des bouchers riches,
c'est-à-dire le grand nombre, conservent, en
dépit des amendes qu'ils encourent, l'illusion
de leurs trotteurs. C'est une vieille tradition
qui remonte aux luttes de vitesse de Paris à
Sceaux ou à Poissy, les jours de marché,
avant l'établissement des chemins de fer.

----

1. Bayadère a couru, en 1863, 4,000 mètres en 6 minutes
58 secondes, aux courses du Pin.

Il y a aussi quelques citadins aisés, fort estimables d'ailleurs, qui se font cadeau d'un sulky ou d'une araignée [1], et d'un trotteur retiré des affaires, mais ayant été américain. Ils sortent le matin, pour éviter la trop grande circulation des voitures : accrochés par les pieds à leur véhicule, l'air grave, les bras tendus, ils promènent au pas leurs paisibles *dadas,* afin de ménager les deux ou trois kilomètres de traquenard qui leur restent dans le ventre. Ils mettent leurs chevaux en condition, disent-ils; moi, je crois qu'ils fument leur pipe, comme de simples mortels. Pourquoi cette condition? dans quel but? On n'a jamais pu savoir.

A Paris, sauf quelques rares amateurs (on n'irait pas à dix) qui savent mener habilement et grand train de vrais trotteurs, les gens qui attellent leurs chevaux à des voitures de course, avec un harnais microscopique et d'énormes guides piquées et doublées, se livrent à une fantasia innocente, qui d'ailleurs ne gêne personne. Si parfois on entend dire

1. *Sulky* et *araignée,* noms donnés aux voitures de course.

qu'un omnibus a écrasé quelqu'un, on ne cite pas un exemple d'accident occasionné par les allures effrénées de ces terribles hart-draves[1].

Les chevaux les plus négligés en France sous le rapport de la condition sont sans contredit les chevaux de chasse, ou plutôt ceux dont on se sert à la chasse, car les hunters sont rares chez nous. Sauf la Société des chasseurs de la Christinière qui ont des chevaux pour le renard, et dont l'écurie est par conséquent tenue sur le pied d'entraînement sévère exigé par ce genre de sport, le chasseur à courre, dans notre pays, s'occupe peu ou point des qualités et surtout de la condition de sa monture. Je généralise bien entendu, sachant qu'il y a de très-honorables exceptions.

On achète ordinairement en vente publique, quelques jours avant la saison, un animal de peu de valeur à un prix très-bas.

1. *Hart-Drave*, nom sous lequel étaient connus les trotteurs hollandais très à la mode en France au commencement de ce siècle, à cause de leur vitesse comme chevaux de cabriolet. A cette époque il n'était pas encore question de courses au trot.

C'est un débris de cheval de pur sang ou de demi-sang anglais ayant eu toutes sortes de malheurs. « Ce n'est plus bon que pour chas- « ser, » dit-on. Il est vrai que nos chasses à courre n'ont pas un caractère spécialement hippique. On courre à cheval pour ne pas être à pied; la bête est un véhicule et rien de plus; beaucoup regrettent, j'en suis sûr, de ne pouvoir chasser en berline.

Les restes de chevaux de pur sang « cla- qués » ou impropres aux courses, sont bons à porter à la chasse les hommes très-légers; aussi ceux-ci sont encore les mieux montés, car il y a dans le pur sang des trésors de cou- rage inépuisables; mais les cavaliers lourds trouvent difficilement leur affaire avec le bas prix qu'on met aux chevaux destinés à ce genre de métier. Quant au cheval trois quarts de sang, au vrai cheval de l'emploi, qui a la tête bien attachée, les épaules longues et obli- ques, les avant-bras longs et détachés du corps, les genoux forts, les canons courts, les sabots solides, le dos et le rein suivis, allon- gés et pourtant résistants, les cuisses longues et musclées et les jarrets sains, il est rare et cher même dans les pays où on en produit. Si nos chasseurs mettaient un peu plus d'argent à leurs chevaux, peut-être ces animaux seraient-ils mieux soignés, et plus préparés à chasser vaillamment sans être usés au bout d'une saison ; au contraire : pendant le reste de l'année, ils feraient des hacks très-agréables. Mais on préfère acheter cinq ou six cents francs un animal de rebut, à moitié usé, et on l'achève. L'année suivante, on recommence. Alors on regarde les précautions comme superflues, et, sauf une bonne ration d'avoine et des flanelles aux jambes (et encore !), on ne se préoccupe guère de ces pauvres souffre-douleur.

Je dis : et encore ! à propos des flanelles, parce que je suis obligé de déclarer que beaucoup de cochers et de palefreniers ne savent pas faire une friction comme il faut et appliquer convenablement des bandages. Que ceux qui ne me croient pas regardent les bandages mis aux chevaux de course, et ceux qui sont appliqués dans beaucoup d'écuries, ils feront la différence. Il est pourtant bon de savoir qu'une friction insuffisante ou faite à côté, et une flanelle mal bandée et mal serrée ne servent absolument à rien.

Avec une hygiène bien entendue on pourrait tirer un meilleur parti des chevaux de troisième et de quatrième ordre achetés pour la saison des chasses. Les uns, au moment de l'achat, sont à pleine peau, encombrés de graisse, sans haleine et tout à fait impropres au métier, à moins de purgations et d'un travail préparatoire progressif. Le plus grand nombre, en mauvais état, a besoin d'être mis à un régime tonique, sans brusquerie et avec une certaine lenteur. Presque tous ont des pieds qui nécessitent une ferrure rationnelle et des soins de propreté et d'entretien quotidiens. Beaucoup ont les tendons déjà fatigués, et quelques vésicants appliqués non pas après les premières journées de chasse, mais avant, les fortifieraient. L'onguent vésicatoire de Lebas, moins violent que les caustiques anglais et pouvant être répété souvent sans entraver le travail pendant plus de quarante-huit heures après l'application, est un tonique excellent; je ne parle pas ici, bien entendu, du cas de nerf-ferrure ou de molettes douloureuses, pour lequel il ne serait pas efficace, mais des tendons faibles ou sensibles qui pourront, après la première besogne pénible, refuser le service et mettre le chasseur à pied.

Après une forte journée, que de précautions utiles négligées à cause du peu de valeur marchande de la pauvre bête qui néanmoins s'est bravement comportée ! Pourtant, laver les jambes et les pieds à l'eau dégourdie, mettre les flanelles, garnir de suite le dessous du pied de bouse de vache et le sabot d'onguent de pied, faire un pansage à fond, ne donner le repas que quand le calme est rétabli dans toute l'économie, éviter l'eau trop froide comme boisson, mettre une poignée de son dans le seau, et faire une copieuse litière, certes ce n'est point là un luxe ébouriffant de soins dispendieux. C'est de l'hygiène élémentaire, très-connue en théorie, mais peu pratiquée quand l'œil du maître n'y est pas, et regardée comme inutile pour un « carcan » de vingt-cinq louis, quand même il se serait montré supérieur à un cheval de mille écus : ce qui arrive quelquefois.

Parmi les diverses *poses* auxquelles la chasse donne lieu au point de vue hippique, il en est une assez répandue et facilement acceptée par les personnes étrangères aux exercices cynégétiques, qui croient la chasse à courre parsemée d'obstacles imprévus et variés que les chasseurs franchissent intrépidement. Or, sauf dans les chasses au renard récemment créées chez nous, à la Christinière, et qui sont en France un fait exceptionnel, on ne saute point en chasse. Quand on ne peut ni passer, ni traverser, on fait un détour et tout est dit. Au reste, pour passer des obstacles, même légers, il faudrait d'autres chevaux que la généralité de ceux dont on se sert. Voici la pose en question : Un cavalier dont la tenue n'indique pas une grande solidité, ni la main beaucoup d'adresse, racontera au milieu de l'étonnement des auditeurs, qu'en Poitou ou en Bretagne, — toujours un peu loin, — il a franchi en chasse des fossés, des haies, des ravins formidables dont la description donne la chair de poule. Il ajoute que son cheval est un sauteur hors ligne. Si on désire voir ce rival d'Auricula passer une barre à 80 centimètres, impossible. Il ne saute qu'en chasse, quand il est animé, etc., etc. Je vous fais grâce des autres fins de non-recevoir.

A propos de gens peu solides, ayant sauté en imagination des obstacles fantastiques, voici ce qui m'est arrivé il y a un an. J'avais élevé un poulain issu de Kadmor fils de Sylvio, et d'une bonne jument de chasse anglaise, et je comptais l'engager dans les steeple-chases de deuxième catégorie pour chevaux de demi-sang. Il sautait remarquablement, mais comme en l'essayant contre des chevaux de médiocre vitesse, je m'aperçus qu'il manquait d'un train suffisant pour avoir des chances, je renonçai à mon projet, et je résolus de m'en défaire. Parmi les personnes qui vinrent le voir se trouva un jeune homme qui l'examina longtemps à l'écurie, et finit par me dire qu'il l'achèterait volontiers comme cheval de chasse, *s'il sautait bien* et s'il passait toutes sortes d'obstacles. « Dans notre province, me dit-il, les chasses sont dures, et je tiens avant tout à un cheval sûr dans le saut. » Je lui offris de lui essayer mon quadrupède aux petits obstacles du bois de Boulogne, qui sont de vrais joujoux, mais qui peuvent donner quelque idée de la franchise et de l'adresse d'un cheval : il accepta. Je fis un tour de la piste et lui offris le cheval à monter pour en faire un second, afin qu'il achetât en parfaite connaissance de cause. Ma proposition lui fit faire une assez piteuse mine ; il s'excusa en disant qu'il était un peu souffrant ; que, du reste, il avait vu le cheval sauter, et qu'il était très-satisfait. Nous rentrâmes dans Paris en causant de choses indifférentes, et, chemin faisant, j'examinai mon chasseur avec plus d'attention. Le corps était roide, les reins cambrés, les genoux loin de la selle, et les rênes tenues invariablement dans la main gauche, à la façon des bons gendarmes. Ces détails, le dernier surtout, me firent penser que ce brave jeune homme n'avait de sa vie sauté une paille, et que mon cheval l'avait un peu effrayé. Un temps de galop que nous fîmes en descendant les Champs-Élysées, et dans lequel il fut plus gauche qu'il n'est permis de l'être, me confirma dans mes suppositions. Je voyais en outre un homme embarrassé et cherchant un prétexte pour ne pas conclure le marché. « Eh

9.

bien! dis-je, avant de le quitter, et mon cheval? vous convient-il? — Mon Dieu, il est excellent sans doute, me répondit-il; mais il a
en tête une si vilaine lisse, que je ne puis me
résoudre à l'acheter. » J'avoue que je ne pus
m'empêcher de rire et de répondre qu'en
effet, l'animal avait non-seulement une vilaine
lisse, mais une vilaine tête, ce qui était vrai.
Là-dessus le pauvre garçon s'excusa fort de
ne pas avoir remarqué cette tête en examinant
le cheval à l'écurie, et de m'avoir dérangé
inutilement; et nous nous séparâmes. Il m'est
toujours resté à l'esprit que mon cheval sautait trop bien pour ce cavalier novice qu'un
amour-propre irréfléchi avait embarqué maladroitement dans cette affaire.

En dehors des courses et des chasses, il y
a l'équitation de haute école, l'équitation
militaire, et l'équitation d'agrément ou de
promenade.

L'équitation d'école, académique, classique, est aujourd'hui à peu près tombée en
désuétude; elle n'est plus de mode; le temps
est à la vitesse en toutes choses. Or, un cheval
de haute école n'est pas vite, et un cavalier

capable de le dresser est encore plus lent...
à former. Il est plus facile de promener un
cheval que de faire des changements de pied
du tact au tact, qui sont « saltimbanques, »
dit-on. Saltimbanques, pourquoi? Parce que,
dit La Bruyère « Dire d'une chose modeste-
« ment ou qu'elle est bonne ou qu'elle est
« mauvaise, et les raisons pourquoi elle est
« telle, demande du bon sens et de l'expres-
« sion; c'est une affaire. Il est plus court de
« prononcer d'un ton décisif, et qui emporte
« la preuve de ce qu'on avance, ou qu'elle
« est exécrable, ou qu'elle est miraculeuse. »

Quoi qu'il en soit, il est convenu que l'équitation d'école est maniérée, prétentieuse, ridicule, et que rien ne vaut un hack. De fait, il
est plus agréable de fumer un bon cigare dans
les allées du bois, par une belle matinée de
mai, sur un cheval qui vous porte au gré de
sa fantaisie, que de chouriner dans un manége humide un animal dont l'encolure est
renversée, le galop désuni et le caractère in-
supportable, afin de le rendre, à force de
travail, léger, liant et aimable.

La loyauté serait de dire que l'équitation

d'école n'est plus dans nos goûts ni dans nos habitudes; qu'elle demande un apprentissage long et pénible auquel personne ne veut s'astreindre, parce que les résultats n'en sont ni compris, ni appréciés; mais la trouver ridicule, c'est agir sottement. La tragédie s'en va, elle aussi, et n'est plus dans nos mœurs; néanmoins, *Phèdre* sera toujours une belle chose, aussi supérieure au *Pied de Mouton* qu'un cheval d'école brillant et fin à un soi-disant hack qui porte son cavalier comme un commissionnaire porte une malle. Il me paraît urgent de mettre une sourdine à mon anglomanie, ou plutôt de la réduire à ses véritables proportions. J'aime des Anglais la façon de produire, d'élever, de soigner les chevaux, de les entraîner et de les monter en course ou derrière les chiens; mais il y a des bornes à tout. Je déteste en général la tenue des Anglais à cheval en dehors du turf; ceux qui n'ont pas l'air d'être empalés, sous prétexte de « cant, » ressemblent, à force de vouloir poser pour la nonchalance, à des gens qui ont déjeuné trop copieusement et que la digestion incommode. Quant à leurs chevaux de selle (je ne parle pas ici du mérite intrinsèque du cheval, mais de l'équitation du cavalier), ils n'ont, montés par eux, rien de gai, de souple, ni de brillant; ils sont roides, moroses et aussi peu gracieux que leurs maîtres. En vérité, je ne vois pas ce qui nous pousse à admirer cela plutôt que la politique extérieure des Anglais, leur taxe des pauvres, leurs lourdes plaisanteries, et leurs grands vilains pieds.

L'équitation de haute école étant le perfectionnement des mouvements les plus brillants et les plus souples du cheval, nécessite chez le cavalier la perfection des aides et du tact. Aussi elle ne peut être médiocre. Comme le dit J. Pellier fils, dans son *Équitation pratique* : « L'équitation rassemblée est la prati-
« que de l'art pour l'art; elle exige des travaux
« sérieux et longs, secondés par une aptitude
« spéciale; elle n'est donc pas le partage du
« grand nombre. De plus, dans un siècle
« mercantile et positif, où l'on veut vivre vite
« et trouver pour son argent des jouissances
« immédiates et faciles, elle ne peut être
« érigée en mode; et puis cela coûte cher à

« apprendre ; aujourd'hui on veut du bon
« marché et on en a. »

« Ce que je dis là est tellement vrai que,
« malgré les maîtres les plus habiles, malgré
« les écrits les plus remarquables, non-seu-
« lement fort peu d'hommes aujourd'hui sont
« capables de dresser des chevaux dits de
« haute école, mais il n'y a qu'un nombre
« très-minime de cavaliers en état de monter
« ces chevaux avec tact et justesse. »

D'autres causes ont contribué à discréditer
l'équitation d'école, celle qui consiste *à tra-*
vailler le cheval. D'abord d'affreux bons-
hommes ne tenant pas sur une selle, et
incapables de monter hardiment un cheval
vigoureux, se sont mis, avant de connaître
l'*a*—*b*—*c*—de l'équitation, à s'asseoir sur leur
périnée et à picoter les côtes de leurs chevaux
démesurément encapuchonnés, afin d'en obtenir un piétinage indescriptible, sous prétexte d'équilibre et de centre de gravité. Le
nombre des chevaux qu'ils ont rendus rétifs
ou absolument « gâteux » est considérable, et
cela a été la juste punition de leur prétention
à obtenir, en quelques semaines de travail,

les résultats que des maîtres comme **M. Bau-**
cher, dont ils se déclaraient les disciples, ont
obtenus après vingt ans d'études secondées
par le talent.

Comme conséquence, les exercices de
haute école, le passage, les courbettes, autrefois en vogue parmi les plus grands .per-
sonnages, sont devenus la propriété des
cirques. Jadis c'était une occupation de prince.
Newcastle nous raconte que « le prince Fran-
« çois de Lorraine estoit si bon homme de che-
« val, qu'il en sçavoit assez pour donner leçon
« aux plus sçavans escuyers, et il tenoit si
« peu à deshonneur de le paroître, qu'il a
« toute sa vie dressé des chevaux, et luy
« mesme estant goutteux, se faisoit mettre
« sur un cheval qu'il nommait le Neübourg,
« et le faisoit manier très-juste, et mesme
« par le bouton il luy faisoit faire des pi-
« rouettes d'une vitesse extraordinaire, et
« cela six mois avant sa mort. Ce prince s'en-
« tretenoit fort familièrement des heures
« entières du manège avec ceux qu'il croyoit
« sçavants. »

De Sind [1], écuyer allemand qui vivait en
1773, nous donne ces curieux détails : « Les
« chevaux uniquement destinés aux fonctions
« publiques ne doivent être exercés qu'au
« passège et aux courbettes, pour ne pas con-
« fondre les différents airs ensemble. Je don-
« nai un cheval gris-pommelé à monter à
« l'Électeur de Cologne, mon maître, pour le
« jour du couronnement de son frère, l'em-
« pereur Charles VII, à Francfort. La magni-
« ficence du cortége de la cour de Cologne
« attira une foule prodigieuse de spectateurs ;
« mais l'attitude du cheval que l'Électeur
« montait, l'emporta sur tout le reste. Il
« continua son passège depuis le *Römer* jus-
« qu'à l'église, et au retour depuis l'église
« jusqu'au *Römer*, sans manquer à la ca-
« dence. Agité d'une fierté noble et coura-
« geuse, il embellissoit son action par deux
« ou trois courbettes après quelques pas du
« passège, et en entremêlant à propos ces

---

1. *L'Art du manége,* par le baron de Sind, colonel de cavalerie, premier écuyer de S. A. E. de Cologne. — Berlin,
1773.

« deux mouvements, il fit l'admiration de tout
« Francfort. »

Que les temps sont changés ! comme disait
ce brave Abner. Aujourd'hui les chevaux ne
sont plus appelés aux fonctions publiques, les
fonctionnaires sont de simples bipèdes ; ils
ne marchent point en cadence dans les cérémonies publiques, mais beaucoup réussissent
parfaitement le gracieux travail des courbettes ; celui-là survivra à toutes les variations
de la mode.

Les cavaliers militaires sont peu nombreux ;
cela peut paraître paradoxal dans un pays qui
compte plus de soixante régiments de cavalerie, sans parler de l'artillerie et de la gen-
darmerie ; mais pourtant il m'est difficile
d'appeler cavalier l'homme qui, ayant passé
deux ans dans une école spéciale, c'est-à-dire
ayant appris le rudiment de l'équitation, ne
monte à cheval au sortir de cette école que
pour les manœuvres, les routes, les devoirs
stricts d'un service pendant lequel le cheval
est plutôt un véhicule qu'autre chose ; qui,
considérant l'équitation comme un devoir,
une sorte de corvée, monte *par ordre*, et envoie

tranquillement conduire, lorsqu'il le peut, son cheval ou ses chevaux par son ordonnance à la promenade réglementaire.

Celui qui a dit : Les officiers de cavalerie ne montent jamais à cheval, ceux d'artillerie y montent quelquefois, ceux d'infanterie souvent, et les officiers de marine le plus possible, a eu un peu raison, s'il entendait parler de l'action de monter à cheval par goût. Au sortir de Saumur, les jeunes sous-lieutenants sont d'abord tout feu, toute ardeur ; leur premier cheval, à leur arrivée au régiment, est pour eux une source de plaisir et d'études ; ils le montent avec amour, le plus souvent possible, ils le travaillent, et même quelquefois trop, sans songer à cette vieille plaisanterie mise en vogue par les adversaires du manége pour le cheval d'armes : « Pendant que ces guerriers rassemblent leurs chevaux, les ennemis se rassemblent en grand nombre. » N'importe ! ils sont sur la selle, ces guerriers, au lieu d'être au café ; ils étudient, ils se forment, ils deviennent hommes de cheval. Alors arrivent quelques observations du colonel sur l'abus que l'on

fait des chevaux de l'État ; le mot de « cara-
coleurs » est lancé par le lieutenant-colonel
qui n'aime pas qu'on *tracasse* les chevaux
pendant qu'il fait sa partie de bezigue. L'in-
fortuné sous-lieutenant, quand il n'a pas assez
de fortune pour avoir un cheval à lui, sou-
pire, et se contente de promener le quadrupède du gouvernement à des intervalles de
plus en plus rares. Il est alors noté comme
officier consciencieux, « servant sagement, » il
devient capitaine, se marie, prend un peu de
ventre, et s'achète une robe de chambre
ouatée. Sa femme lui brode en soutache une
calotte grecque, et alors adieu l'équitation.
C'est étonnant comme le cheval m'engraisse,
dit un jour le capitaine en rentrant le nombril
pour agrafer son ceinturon. — Erreur, mon
cher capitaine, ce n'est pas le cheval, mais
vous qui vous engraissez. L'équitation, comme
tous les exercices du corps, développe l'appétit et de plus, elle rend très-paresseux pour
marcher. On monte à cheval presque toujours
avant les repas ; on mange alors beaucoup,
on ne fait aucun exercice à pied, et l'âge s'en
mêlant, on épaissit. Mais le cheval n'est pas,

comme beaucoup de personnes le croient, une cause directe d'obésité.

Il y a cinq ou six officiers par régiment aimant passionnément l'équitation; ce n'est pas assez. L'armée fournit quelques steeple-chasers, c'est vrai; mais combien? Les courses de chevaux d'armes, les grands carrousels sont des stimulants; on devrait les multiplier, et le goût du cheval, l'habileté équestre d'un officier devraient être des notes très-efficaces pour son avancement. Ce dernier moyen de développer les goûts hippiques serait le meilleur. On croit devoir rester dans l'engourdissement contre lequel je proteste en disant que notre cavalerie s'est montrée supérieure à beaucoup d'autres sur les champs de bataille; ceci rentre dans un tout autre ordre d'idées; évidemment notre cavalerie, comme tout le reste de notre vaillante armée, est composée d'hommes d'une bravoure à toute épreuve, et je ne prétends point dire que nos officiers n'ont pas une habitude du cheval suffisante pour bien faire la guerre; je dis qu'ils n'en ont pas la passion, et je le regrette, par amour-propre national et parce que sans cette passion, il n'y a pas de vrais cavaliers.

Néanmoins, il est probable que l'élan donné aux courses d'obstacles pour chevaux de demi-sang, pour chevaux d'armes, agira sur notre cavalerie; il y a du reste au point de vue militaire de grands progrès dans l'extension des goûts hippiques.

Les chevaux des officiers et ceux de la troupe sont bien logés, bien soignés et suffisamment nourris; il y a surtout une condition excellente de santé dans l'hygiène alimentaire des chevaux d'armes, c'est la parfaite régularité des rations et des heures des repas. Ces deux choses, très-souvent négligées dans les écuries civiles les mieux tenues, expliquent surabondamment le peu de santé de beaucoup d'animaux mieux nourris sous le rapport de la quantité, que les chevaux de la cavalerie.

Il y a, dans le pansage des écuries militaires, abus de l'étrille, dont les hommes finissent par se servir plutôt pour gratter les chevaux que pour les nettoyer, remettant en passant l'instrument à rebrousse-poil, la

crasse et les pellicules qu'ils ont ôtées en opé-
rant d'abord dans le sens du poil. Il y a longtemps du reste que les Arabes éclatent de rire
avec beaucoup de raison, en voyant râcler
ainsi les chevaux. On dit que l'étrille est
indispensable pour les chevaux communs,
surtout pendant l'hiver, qu'elle ouvre les
pores de la peau, etc.... Un peu d'étrillage
pour désagglutiner les poils collés par la
sueur, ou par les déjections sur lesquelles
l'animal s'est couché pendant la nuit, soit.
Mais à force d'étriller, on ouvre tellement les
pores de la peau qu'ils sécrètent de plus en
plus des pellicules farineuses parfaitement
blanches, et plus les chevaux sont communs,
plus le poil reste triste, long et piqué, malgré
tous les soins de l'homme. Je ne crois pas
que cette perpétuelle irritation de la peau,
utile accidentellement, soit très-favorable
à la santé, quand elle se prolonge toute
l'année.

J'ai à parler maintenant de l'équitation
usuelle, dite d'agrément, de promenade, du
dehors, celle qui est le fait de personnes
riches ayant du loisir, aimant à monter à che-

val, et connues sous le nom générique d'amateurs de chevaux.

Les uns mènent franchement et carrément aux trois allures, de vigoureux et brillants animaux ; ils ont du tact, de l'énergie et de l'élégance ; ce sont de vrais cavaliers auxquels peut s'appliquer cette définition de l'homme montant bien à cheval que j'ai trouvée en 1846 dans le journal *la Presse*, et que j'ai transcrite parce qu'elle m'a paru pleine de justesse : « L'homme qui monte bien à cheval « est celui qui, placé sur sa monture avec « certitude, aisance, facilité, est libre dans « tous ses mouvements ; c'est celui qui sait « régulariser les allures, exiger à propos, « suivre avec précision, se porter d'un point « à un autre, franchir un obstacle quand un « obstacle est à franchir ; aller, suivant le « besoin, vite ou lentement, droit ou de tra- « vers, en avant ou en arrière ; c'est celui « qui, dans toutes les exigences, ménage « autant que faire se peut, les moyens de « son cheval, et quel que soit le cheval, « trouve moyen de l'utiliser. » Les amateurs dont je viens de parler se promènent seuls ou avec un ami, cavalier comme eux ; ils ne cherchent pas la foule, ils ne l'évitent pas.

D'autres montent à cheval pour être vus ; ce sont les « poseurs ; » on les voit toujours aux heures où le bois est encombré de voitures ; ils recherchent dans le cheval soit une singularité de robe, soit une taille, un modèle, un genre d'allures, qui puissent les faire remarquer. Beaucoup aiment les chevaux un peu chatouilleux qui prennent de petits airs de défense tout en restant aussi inoffensifs que des poules. Le poseur monte toujours à cheval seul, afin que rien ne puisse amoindrir l'effet qu'il veut produire.

Les « flâneurs » montent à cheval en compagnie d'un ou deux amis ; ils causent paisiblement en fumant leur cigare, vont généralement au pas, occupent à trois toute la largeur des allées, et ne se rangent jamais pour laisser passer autrui. Ils traitent intérieurement de *toqués* les gens qui passent à côté d'eux au trot ou au galop, et qui troublent momentanément leur conversation. Ils lisent les ouvrages et les articles de journaux relatifs à l'équitation et parlent beaucoup de l'amélioration de la race chevaline, problème pour lequel ils proposent tous les jours une solution nouvelle. Très-assidus aux courses, ils donnent régulièrement leurs vingt francs d'entrée au pesage, et ils font très-bien.

L'amateur maquignon ou brocanteur monte ses chevaux sous prétexte de les promener, mais en réalité dans le but de les colloquer à quelques petits amis ayant « le sac ». Celui-là est comme l'araignée, il se montre à point nommé, lorsque le moucheron est déjà à moitié pris dans la toile.

Je passe sous silence quelques amateurs solennels, en frac boutonné, en selle couverte posée sur un grand tapis de feutre, en bottes à l'écuyère vernies avec des piqûres blanches formant arabesques ; ceux-là, les reins fièrement cambrés, mettent leurs chevaux au piaffer dans les Champs-Elysées, et usent encore galamment « du sifflement de la gaule. » Ils ne dépassent jamais l'arc de triomphe, et il faut un temps exceptionnellement beau pour les décider à sortir.... de la tombe. On n'en rencontre presque plus, dans ce siècle futile.

10

L'équitation hygiénique a toujours eu de
nombreux partisans. Déjà Montaigne disait :
« Je ne démonte pas volontiers quand je suis
à cheval : c'est l'assiette où je me trouve le
mieux, et sain et malade. »

« Platon la recommande pour la santé ;
aussi Pline dit, qu'elle est salutaire à l'estomac et aux jointures. »

Abusant de ces principes, quelques fana-
tiques du trot salubre et apéritif, considéré
comme absinthe ou revalescière, prennent
cette allure à l'entrée des Champs-Élysées,
font le tour du bois à toute vapeur et revien-
nent serrer le frein de leur locomotive à l'endroit qui a servi de point de départ à ce train
express. Si le cheval traquenarde, ou se dé-
sunit, peu importe, pourvu que l'effet stoma-
chique soit produit. Je crois néanmoins que
la médecine agirait suffisamment sans le traquenard, remède violent. Le trot est comme
les pendules, dont la perfection n'est pas
d'aller vite, mais d'être bien réglées ; et la
montre du Marseillais, allant si bien qu'elle
vous abattait son heure en quarante-cinq minutes, n'est pas un chronomètre à consulter

pour les trotteurs dont on veut conserver les membres.

J'oubliais le petit amateur du jeudi et du dimanche, qui a quitté prestement la tunique et le képi universitaires, et qui s'élance sur un cheval de manége pour aller prendre le madère dans les massifs de lilas du restaurant Born. Quelques-uns « les grands » font des *matches* sur la piste voisine du jardin d'acclimatation, et on a nommé ces exercices : courses de gentlemen-crapauds ; les mamans se meurent d'inquiétude, et elles ont raison.

On rencontre beaucoup plus de dames à cheval qu'on n'en voyait il y a quelques années ; naturellement, elles sont toutes ravissantes. Il y en a qui paraissent réellement un peu « puissantes, » avec la jupe sans plis qui fait aujourd'hui fureur parmi les très-élégantes. En vérité, quand une amazone vigoureusement charpentée prend le temps enlevé du trot à l'anglaise, on se dit que la nature a bien fait les choses, et que la crinoline n'est pas aussi utile que beaucoup de personnes le prétendent. La mode est de monter les coudes en arrière et un peu serrés au corps ; cela

« avantage » la poitrine, dit-on. Ainsi, c'est pour le mieux assurément. Une belle gorge sera toujours une vérité plus agréable qu'un coup de bâton.

L'équitation du demi-monde est un prospectus, ou plutôt une réclame aussi explicite que les poneys–affiches de l'Hippodrome indiquant la représentation du jour.

Parmi les amateurs d'attelage, il y a à Paris un nombre considérable de coachmen de talent, menant avec assurance, finesse, et un style élégant, des carrossiers très–chauds. Il me semble même qu'en somme, on mène mieux, dans notre pays, qu'on ne monte à cheval. Les accidents de voitures sont rares, relativement au nombre des véhicules et aux difficultés de la circulation. Il y a peut–être un peu de solennité ou de pédantisme dans la manière actuelle de mener; le corps est roide, les jambes par trop tendues, les mains extrêmement élevées et loin de la poitrine, et le maniement du fouet un peu analogue à celui d'une ligne à pêcher des ablettes; mais le tact, le coup-d'œil et l'adresse ne manquent pas.

On rencontre, en fait d'attelages, les mêmes drôleries que celles déjà signalées en parlant des chevaux de selle; à côté de l'homme qui mène bien de vrais chevaux attelés à une voiture sobre de ferblanterie, à côté de la livrée de bon goût et des couleurs harmonisées, il y a le monsieur aux équipages chocolat à train blanc, dont les chevaux ont des couvertures d'attente en imitation de peau de tigre; celui-là, c'est le Mengin du monde, qui n'a pas malheureusement, pour justifier cette ridicule exhibition, la nécessité de gagner sa vie. Il y a les pseudo-trotteurs, attelés avec un harnais microscopique aux petites voitures de New-York. Il y a surtout le premier dog-cart, ou le premier phaéton du jeune Gandinet, auquel on vient de rendre ses comptes de tutelle : ceci est toujours drôle. L'adolescent radieux essaye, mais en vain, de prendre le masque vieillot de l'homme pour qui rien n'est neuf ou amusant; il sent qu'il fait son « épate », et il est heureux, malgré ses efforts pour n'en point avoir l'air. Le domestique placé derrière le dog-cart, le dos tourné à son maître, éprouve l'inquiétude d'un homme

10.

assis sur un baril de poudre et obligé de
tenir une chandelle allumée; il voudrait
bien que le nouveau maître, le nouveau
steppeur et le nouveau dog-cart fussent ren-
trés soit au club, soit à l'écurie, soit sous la
remise. Il sait parfaitement que les accidents
de voiture sont toujours dangereux pour celui
qui est tourné du côté opposé à la traction.
Le premier phaéton est comme le sabre de
M. Prudhomme, le plus beau jour de la vie;
aussi le maître, les chevaux, les harnais, la
voiture, le cocher et le valet de pied placés
sur le second siége, tout a un air de fête, tout
est entièrement neuf, et paraît encore lustré
de ce vernis étincelant dont les bimbelotiers
enduisent les gros joujoux.

Les principaux défauts des attelages parisiens sont l'excès d'enrênement (duquel on
est un peu revenu depuis quelques années), les
colliers trop courts et trop étroits, les traits
longs à l'excès, et une continuelle recherche
du brillant dans les allures.

L'enrênage outré contracte l'encolure, ac-
cule le cheval, fatigue les reins et les jarrets,
et fait perdre à l'animal une notable partie de

sa puissance de traction ; pour les chevaux attelés à deux, ce dernier point est peu grave, puisqu'ils sont au-dessus de leur besogne ; mais un cheval très-rêné et attelé seul à un coupé trois-quarts, s'use énormément en ne bénéficiant jamais pour le tirage de l'effet de levier, produit par le poids de la tête et l'extension de l'encolure.

Quelques-uns prétendent donner ainsi de la solidité et du brillant à leurs chevaux, et se fourvoient étrangement ; ils les gênent, les empêchent de développer leurs mouvements ; les pauvres bêtes ayant le nez au niveau des oreilles et des œillères, par-dessus le marché, sont dans l'impossibilité absolue de regarder où elles posent les pieds ; elles buttent, leur démarche est incertaine, et alors... le cocher raccourcit la rêne de deux ou trois points. On est souvent attristé de voir, à la porte d'une maison où il y a bal, de braves chevaux affligés de cet instrument de torture qui leur coupe tour à tour les lèvres et la langue, passer une partie de la nuit à attendre leurs maîtres, qui pourtant font quelquefois partie de la société protectrice des animaux. « Baptiste, disait un soir à son cocher, X... de la Bourse, en sortant de son cercle, ne *désenrênez* donc jamais mon cheval, cela a l'air sapin en diable! » Oh! argent, que tu es bête, parfois!

Les colliers trop courts ou trop étroits ont pour les chevaux de luxe les mêmes inconvénients que ceux qui ont été signalés déjà à propos des chevaux de gros trait, dans le premier chapitre. La seule différence est que les allures vives augmentent l'irritation produite par la compression exercée sur la trachée; le cornage apparaît plus tôt et plus grave chez les animaux de luxe que chez les limoniers.

C'est surtout pour le cheval attelé seul que je critique l'excès de longueur des traits; il est vrai qu'une croupe un peu éloignée du garde-crotte donne meilleure grâce à l'ensemble de l'attelage, en dégageant pour ainsi dire le cheval de la voiture; mais il faut aussi considérer que plus l'animal est éloigné du poids à tirer, plus il dépense de force en pure perte, et par conséquent plus il s'use. Pour les chevaux attelés à deux, qui sont les heureux de la gent chevaline, ils ont en général si peu de mal, quand ils veulent bien se partager également le tirage, que les traits longs, fort élégants d'ailleurs, n'offrent pas d'inconvénient appréciable.

La perpétuelle recherche du brillant, ce travers tout spécial au ménage à Paris, cause la ruine prématurée d'un grand nombre de chevaux de voiture, auxquels on ne permet jamais de marcher, ne fût-ce qu'un instant, avec simplicité, je dirai presque avec bonhomie, et sans chercher à faire tableau. Dans une promenade, on met le cheval de selle au pas, on lui laisse momentanément sa liberté, on varie ses allures, ce qui contribue beaucoup à la conservation de ses membres; on le monte sur des terrains choisis; mais le malheureux carrossier toujours au trot, sauf le long des lacs du bois ou dans les encombrements de voitures, n'a ni trêve ni merci; il voyage dans tous les quartiers, dans les rues les plus mauvaises et les plus mal pavées; les arrêts brusques, les à-coups, les glissades, rien ne lui manque. Néanmoins il est des gens, maîtres ou cochers, qui, au lieu de laisser un vigoureux cheval marcher quelque temps à un trot moins élevé, plus calme,

quitte à le reprendre après et à lui redeman-
der de l'énergie et du brillant, le recherche-
ront constamment, le tiendront cadencé et
dans un état d'excitation nerveuse, toujours
et partout, aussi bien aux Champs-Élysées, ce
qui est assurément fort naturel, que dans la
rue des Vieilles-Haudriettes si un fâcheux destin les y conduit.

En province, où la vie est plus positive, où
l'élégance n'est point une obligation sociale,
l'emploi des chevaux n'a pas la même physionomie qu'à Paris. On se sert peu de chevaux de selle en dehors des chasses; les chevaux de voiture sont moins élégants, moins
distingués que ceux de Paris; mais ils ont
du fonds, de la vitesse, et cette vigueur que
donne le travail à l'air pur et fortement oxy-
géné de la campagne. Ils font sans sourciller
quinze ou vingt lieues dans leur journée,
traînant une bonne grosse mère calèche dans
laquelle il y a six personnes et les bagages
d'icelles. Par exemple, ils ne steppent jamais:
pas si bêtes. En un mot, la province se sert
des chevaux; Paris s'en amuse ou en abuse.

A côté des animaux que les voitures publiques ou de louage, le commerce et l'industrie usent et tuent tous les ans à Paris, il y a bon nombre de chevaux de luxe peu ou mal employés, n'ayant aucune régularité de travail et d'hygiène, changeant de ration aussi souvent que de palefrenier, passant d'un repos prolongé à une besogne qui les fatigue non parce qu'elle est pénible, mais parce qu'ils n'y sont pas préparés. Beaucoup s'encroûtent à ce régime, et ne rendent pas le quart des services qu'on pourrait en exiger. Ils paraissent usés sans avoir jamais fait rien de pénible. L'oisiveté les a énervés, assoupis, et les cochers de remise se chargent de les réveiller.

Un d'eux m'avait un jour gaillardement conduit, et en le payant je regardai attentivement son cheval, un grand carrossier accusant beaucoup de sang, d'une belle charpente d'autant plus facile à apprécier qu'il n'y avait que la peau dessus. Il portait tous les stigmates de la misère; il était tout à fait arqué, tremblant sur ses pauvres jambes, et il avait le feu en raies aux quatre boulets. « Vous avez là un bon reste de cheval, dis-je à l'automédon. — Un reste, monsieur! mais voilà quatre ans que je l'ai, et il n'a jamais aussi bien marché que cette année. Quand je l'ai acheté, il sortait de chez un bourgeois, et dam! il était feignant, vous comprenez bien; mais maintenant le voilà endurci à l'ouvrage. Voyez-vous, monsieur, c'est quand les bourgeois n'en veulent plus qu'il fait bon s'en servir. »

CHAPITRE CINQUIÈME

Soins d'Écurie. — Messieurs nos Cochers.

J'ai lu un certain nombre de traités d'hip-
pologie, et je suis obligé de déclarer, à ma
grande honte, que j'ai peu retenu. Les hip-
pologues, personnages fort savants sans aucun doute, ne sont pas assez pratiquement
gens du métier. Ils se livrent dans de su-
perbes in-octavos à de longues dissertations
sur la composition chimique de l'air, l'oxy-
gène, l'azote, l'acide carbonique, les gaz et
vapeurs de diverses natures qui entrent accidentellement dans cette composition ; ils ex-
posent avec force planches le phénomène de
la digestion en s'appuyant sur les expé-
riences de Spallanzani ; ils numérotent les os

11

des membres avec soin, expliquent par la mécanique le jeu des leviers nécessaires à la locomotion, et n'oublient jamais de décrire les fonctions du grand et terrible muscle ilio-spinal dans la ruade et le cabrer; ils donnent les détails les plus intéressants sur la conformation du pied et son élasticité; enfin, ils font preuve de science, tout en se répétant plus ou moins les uns les autres.

Quand ils descendent des sphères constellées de la théorie pour entrer un instant dans l'humble pratique, les détails profitables cessent, et les généralités seules surnagent. On ne sait quel parti tirer de toutes ces belles choses si galamment tournées, quand il s'agit de loger, de nourrir, d'employer ou de faire ferrer son cheval.

Ils proposent des modèles d'écuries auprès desquelles celles de feu lord Pembroke seraient des étables; ils indiquent une telle variété de substances alimentaires, qu'un cheval dépenserait pour sa nourriture quotidienne autant qu'un employé à deux mille francs; quant à la ferrure, ils se contentent d'énumérer vingt ou trente formes de fers plus ou moins bizarres. J'avoue, pour mon compte, que s'il ne m'était pas passé entre les mains un nombre considérable de chevaux, mon savoir, déjà très-mince, n'aurait pas été beaucoup accru par mes lectures, et je serais plus capable de parler que d'agir. Le *Manuel de l'hygiène et de l'éducation du cheval*, par M. le comte de Montigny, inspecteur général des haras, et les *Leçons de science hippique générale* de M. le baron de Curnieu, qui est tout à la fois homme de cheval et éleveur, et auquel on doit la meilleure traduction qui existe de l'*Équitation* de Xénophon, sont les seuls livres hippologiques réellement instructifs que je connaisse; je parle au point de vue pratique, le seul qui m'ait jamais occupé.

La question du logement du cheval est très-importante; néanmoins elle est difficile à trancher, attendu que dans un grand nombre de cas, il faut accepter les écuries telles qu'elles sont; on peut les modifier plus ou moins, mais on n'est pas libre de les démolir pour en bâtir de meilleures.

L'humidité est le plus grand, le plus sérieux danger d'une écurie; on doit la com—

battre ou l'éviter par tous les moyens possibles; quand elle provient du salpêtre formé
dans les matériaux employés à la construction des murs, ou des pierres elles-mêmes, il
est difficile de s'en préserver autrement qu'en
garnissant la muraille soit de paillassons, soit
de planches jusqu'à une certaine hauteur.
Quand l'humidité vient du sol, le drainage
presque toujours possible à la campagne suffit pour assainir; à la ville, il sera bon de
tenir le pavage en parfait état non-seulement
de propreté, mais d'entretien. Le pavé a besoin d'être réparé aussitôt qu'il se dégrade;
autrement l'urine s'y infiltre et y séjourne.

En outre, les chevaux y font des trous dans
lesquels ils se plaisent à mettre constamment
leurs pieds, ce qui fausse leurs aplombs.

La plupart des écuries étant petites, il faut
que l'air soit renouvelé souvent pour éviter
l'abondance du gaz ammoniacal qui se dé-
gage des excréments, et tient en perpétuelle
irritation les yeux, la gorge et la poitrine.
Quand on peut établir un ventilateur au pla-
fond pour laisser échapper l'air vicié, c'est
une utile précaution. Je crois une chaleur

modérée nécessaire dans les écuries surtout pour les chevaux de service qui sont très-près du sang, et chez lesquels par conséquent l'origine orientale prédomine.

Du reste tout cheval, même commun, qui travaille aux allures vives et mange une forte ration d'avoine a plus besoin de chaleur à l'écurie que la bête employée aux services lents, et dont les nerfs et le sang ne sont jamais soumis à une excitation violente donnant lieu à une réaction immédiate.

Néanmoins, les animaux n'étant pas en sueur, et étant suffisamment couverts, il n'y a aucun inconvénient, même en hiver, à moins d'un temps très-rigoureux, à ouvrir fréquemment pour quelques instants les portes et les fenêtres, qui pourraient durant la belle saison, n'être jamais fermées, sauf pendant les nuits trop fraîches, à l'époque des premières gelées blanches de l'automne.

Comme entre deux maux, il faut choisir le moindre, j'aimerais encore mieux une écurie sèche et froide, qu'une écurie chaude et humide ; dans la première un cheval couvert se portera bien si les ouvertures sont closes ;

dans la seconde, il sera presque toujours malade, ou tout au moins malingre.

Il n'est pas nécessaire, comme on le croit généralement, qu'une écurie soit très-éclairée ; les chevaux qui travaillent beaucoup sont plus complétement tranquilles et se reposent mieux dans une écurie un peu sombre ; la preuve c'est qu'ils s'y couchent très-volontiers dans la journée ; alors leurs jambes se remettent plus facilement de l'ébranlement et des autres effets du travail. Examinez une écurie un peu longue, à plusieurs stalles, et vous verrez les animaux les plus éloignés de la porte, les plus dans l'ombre, plus souvent couchés que les autres. Dans les box dont la porte peut rester ouverte par le haut, c'est la même chose ; les chevaux attendent pour s'étendre sur leur litière que les deux montants soient fermés, et qu'il y ait une sorte de demi-obscurité favorable au repos.

Les savants ont beaucoup critiqué l'uniformité de l'alimentation du cheval en service. « Toujours de l'avoine, du foin et de la paille, « disent-ils, cela finit par blaser l'estomac,

« les facultés digestives s'émoussent en opé-
« rant toujours sur les mêmes substances.
« Pour bien fonctionner, elles auraient besoin
« d'être stimulées souvent par le changement.
« Si les aliments étaient plus variés, ils pro-
« duiraient certainement plus d'effet alibile.»
D'abord ceci est contestable en principe, et
on peut citer bon nombre d'animaux domestiques dont la nourriture est encore moins
variée que celle des chevaux, et qui n'en sont
pas moins en parfaite et brillante santé. En
second lieu, si cela est vrai pour une certaine
catégorie de chevaux de luxe ne sortant presque pas de l'écurie, pour les chevaux de
troupe qui en garnison n'ont pas de travail
sérieux, en un mot pour les oisifs de la gent
chevaline dont un labeur véritable n'excite jamais l'appétit, cela n'est pas soutenable pour
les chevaux de fatigue, les seuls utiles de l'espèce. Ceux-là ont souvent réellement faim;
ils ne perdent pas leur temps à lécher les
mangeoires ou le salpêtre des murailles; au
lieu de faire les dégoûtés, ils se jettent avi-
dement sur leur nourriture, et ne trouvent
pas l'avoine monotone. Les exemples four-

millent à Paris et en province pour prouver
que les chevaux qui travaillent régulièrement
tous les jours (je ne dis pas : qui se promènent
pour prendre de l'exercice), s'accommodent
parfaitement d'un régime homogène. Les
chevaux à l'entraînement, ceux des voitures
de louage, du commerce, ceux des médecins
et des gens d'affaires, ceux des marchands
ambulants de province et des voitures publiques, qui ont un service dur, mangent beaucoup d'avoine, de paille, une certaine quantité de foin et pas autre chose, sauf un
barbottage de farine d'orge et plus ordinairement de son, de temps en temps quand ils
sont échauffés, et ils ne s'en trouvent pas mal.
Beaucoup arrivent à une longévité surpre-
nante. Leurs membres sont usés, tarés par la
fatigue, mais leur chair est ferme, leur poil est
luisant, leur coffre est bon, et ordinairement
leur flanc est net. Il y a au contraire beaucoup
de corneurs et de poussifs parmi les chevaux
attelés aux tilburys des cultivateurs aisés, qui
donnent alternativement du vert et du sec,
de la luzerne et du sainfoin, et qui varient
plus que personne la nourriture et la ration.

Certes, du vert à l'écurie, au printemps, pendant quinze jours, c'est une bonne et excellente chose, quand on peut la mettre en pratique; mais les gens qui lâchent les chevaux de service dans le pâturage, comme cela se voit pendant l'été chez un certain nombre de propriétaires campagnards, ne se rendent pas compte que l'énorme quantité d'herbe plus ou moins aqueuse, laissée pendant toute la journée et quelquefois la nuit à la discrétion d'un cheval, distend les intestins et par conséquent affaiblit les facultés digestives, amollit les fibres musculaires et tendineuses, augmente le volume de l'abdomen au détriment de celui de la poitrine, et ne profite qu'au système lymphatique. Aussi lors de la cessation de ce régime, l'animal remis tout à coup à la nourriture tonique et forte est prédisposé aux affections inflammatoires, surtout à celles des organes de la respiration.

La plus grande partie des chevaux, que l'on peut réellement nommer *chevaux de service*, ne peut pas bénéficier du vert à l'écurie, et je ne vois pas qu'il en résulte beaucoup d'inconvénients pour leur santé.

11.

La ration doit être proportionnée à la force, au tempérament, au travail et à l'appétit. Je dis à l'appétit, parce qu'il y a des chevaux naturellement sobres, qu'il est inutile de rendre gourmands, et d'autres au contraire qui ont besoin d'une ration plus forte que leur taille et leur constitution ne semblent l'indiquer.

Je ne décrirai pas ici les qualités de l'avoine, de la paille et du foin. Cela n'apprendrait rien aux citadins qui tiendront toujours ces substances pour excellentes lorsqu'elles n'auront pas mauvaise odeur. Quant à ceux qui ont récolté eux-mêmes leur avoine, fait faucher leur foin et engrangé leur paille, ils en savent aussi long que moi. Du reste ce n'est pas dans les livres, mais la main dans le sac que l'on apprend à distinguer le bon grain du mauvais ou du médiocre.

Les aliments sont généralement mesurés d'une manière exacte, quand les serviteurs sont honnêtes, mais on ne fait pas toujours attention à la quantité et à la qualité de la ration d'eau. Quand je dis ration, je ne parle pas de ce qui a lieu à la campagne, où le cheval

ingurgite ce qui lui plaît, à la rivière, à l'abreu-
voir ou dans la mare. Cette méthode excellente au point de vue du bain, pour les
membres et les pieds, est sans danger pour
des animaux employés aux allures lentes, et
dont l'organisme n'est jamais violemment
remué. Là, d'ailleurs l'eau est plus saine que
celle des villes, où l'on n'a pas toujours à sa
disposition l'eau des grandes rivières qui est
la meilleure, parce qu'elle est très-exposée au
contact de l'air et que le fond sur lequel elle
coule est presque toujours sablonneux. On y
emploie donc souvent l'eau de citerne qui ne
peut se conserver pure qu'à l'abri du contact
de l'atmosphère, et l'eau de puits souvent
chargée de sulfate de chaux et nuisible au
cheval, dont elle rend les digestions pénibles.
Ces deux espèces d'eau sont en tout cas très-
froides, et ce défaut est grave pour les animaux qui marchent aux allures vives. Les
toux chroniques et les coliques sont fréquemment le résultat des boissons froides.
On ne saurait trop recommander de donner
en hiver l'eau de puits ou de citerne immédiatement après qu'elle a été tirée, et en été

quelque temps après, lorsqu'elle aura été
exposée à l'action de l'air et du soleil. On devra la battre avec la main, ou même l'agiter
pendant quelque temps avec un bouchon de
foin ou de paille, surtout si le cheval a eu
pendant le travail une abondante transpira-
tion ; il serait même bon alors d'y délayer un
peu de son ou de farine.

Il est inutile de dire qu'il faut attendre,
pour faire boire, que le cheval soit bou-
chonné après le travail, que son flanc soit
calme, et que la sueur soit essuyée. Ce qui
prouve combien le cheval est délicat pour la qualité de l'eau, c'est qu'en route il mangera sans
façon des aliments inférieurs à ceux dont il a
l'habitude, mais il refusera de boire de l'eau
de qualité médiocre, ou attendra pour y tremper ses lèvres que la soif soit devenue into-
lérable.

Le régularité des heures des repas et le
calme pendant la digestion assurent au cheval
quelques années de plus de santé et de service. Sans doute les chevaux s'habituent à
manger à toute heure, à courir pendant qu'ils
digèrent, comme à tirer avec un collier trop

étroit; seulement ils deviennent poussifs et corneurs. L'homme s'habitue à l'absinthe, lui aussi, mais il devient idiot ou usé avant l'âge.

Ceci m'amène directement à parler de la *condition* des chevaux de service, chose assez peu connue du public qui les emploie. Encore une fois, je laisse les amateurs de côté, ils constituent l'exception, et dans ce livre, je généralise.

En langage de course, un cheval est en condition quand rien n'a manqué à son entraînement, et que toute son organisation est arrivée au degré de tension et de résistance voulues pour qu'il ait des chances de gain. De même, on peut dire que la condition d'un cheval de selle ou d'attelage est le résultat de l'emploi judicieux des divers procédés propres à préparer tout son être au genre de service auquel il est destiné. La condition est relativement au service ce que l'apprentissage est au métier, plus ou moins long, plus ou moins pénible, suivant que le métier est plus difficile. Rien ne s'improvise, les harangues exceptées ;

et encore, si l'on fouillait les orateurs! Peut-être trouverait-on qu'ils ont commencé par « apprivoiser » leur discours, comme disait un brave maire de village en parlant du speech qu'il ruminait pour « l'inoculation » de la statue d'un grand homme né dans sa commune.

Un cheval dressé, docile et bien portant, doit néanmoins être préparé par l'exercice et l'hygiène combinés, à exécuter, sans inconvénient pour sa respiration, son entretien et ses membres, le genre de travail pour lequel on l'a acheté. Il ne suffit pas après l'acquisition de faire constater que le cheval est sain, de s'assurer qu'il mange et qu'il boit, et ensuite de l'atteler tous les jours cinq ou six heures à un coupé sans plus s'en inquiéter. C'est le sûr moyen de faire en peu de temps du meilleur cheval une rosse, ce qui arrive très-souvent. Autrement trouverait-on, chaque semaine, en vente publique et au rabais, un pareil nombre de chevaux de six à dix ans (le meilleur âge du cheval de service), parfaitement conformés, accusant une belle origine, et déjà flétris, tarés, usés dans leurs membres, poussifs et corneurs? Pour moi, en

les voyant, je ne puis m'empêcher de penser
que s'ils étaient tombés entre des mains capables de les amener progressivement au niveau de leur besogne, ils seraient encore
très-sains, et de plus, de vaillants chevaux. Ce
n'est pas le travail qui tue, mais le manque
d'appropriation au travail; autant un corps,
graduellement préparé à la fatigue, trouve
dans un rude labeur des conditions de santé,
de force et même de beauté, autant la même
organisation, livrée à l'imprévu, à tous les
caprices du hasard, peut rester au-dessous
de la tâche la plus médiocre, et même en
souffrir.

Il faut donc, quand on a un cheval auquel
on tient, connaître son tempérament et son
âge, s'assurer par l'essai de ce qu'il est en état
de faire, et s'il est loin du point de vigueur
où il est utile de l'amener. Cela bien établi,
il est nécessaire d'étudier la ration qui lui
convient, et de l'y amener sans que l'estomac
ou les entrailles souffrent, sans outre-passer
le but. Trop d'avoine est aussi nuisible que
pas assez, peut-être même davantage; mais
le cas est rare.

Il faudra savoir si la paille vaut mieux pour celui-ci, le foin pour celui-là, et quelles sont les quantités convenables ; déterminer la ration d'eau d'après la tendance de l'animal à se dévoyer, et la quantité de sueur qu'il perd en travaillant ; examiner l'état des membres et celui des pieds, la mollesse ou la dureté des muscles, le degré d'appétit et de gaieté du cheval, et régler d'après les observations faites, la durée du travail et le plus ou moins de développement à donner aux allures brillantes ou vites qu'on recherche ; il faudra surtout apprécier les aptitudes et la limite des moyens naturels du cheval, et être assez sage pour ne pas vouloir faire un steppeur avec un trotteur qui n'a pas d'épaules, ou un cheval de chasse avec un carrossier allemand.

Le tempérament résulte de la prédominance de tel ou tel système d'organes qui modifie par son énergie l'économie entière, imprime des différences frappantes dans les individualités de l'espèce, et influe aussi bien sur les facultés physiques que sur celles d'où le caractère dépend. Les chevaux sont sanguins, lymphatiques ou nerveux, et chacun de ces tempéraments, tout en s'alliant aux deux autres dans des proportions infiniment variées, domine toute l'organisation. Le cheval sanguin, le meilleur de tous, a la poitrine bien conformée, les vaisseaux apparents, les membranes du nez et des yeux très-colorées, l'embonpoint médiocre, les muscles développés avec des interstices accusés; ses formes sont plutôt sèches qu'empâtées. Il est franc, énergique et fort; son attitude fière indique de l'origine, et, en effet, il y a toujours dans son ascendance un ancêtre de race pure.

Le cheval nerveux a souvent le corps mince, élancé, les membres longs et grêles; il se nourrit mal, sa respiration n'est pas nette, il est inquiet, irascible, très-ardent pour un travail de courte durée, mais incapable d'un long service. Il accuse souvent le résultat de l'accouplement d'un cheval de pur sang avec une jument chétive, étiolée et lymphatique à l'excès; c'est de lui surtout que l'on peut dire que la lame use le fourreau.

L'animal lymphatique a les formes empâtées; les organes sont inertes, les muscles mous et entourés de graisse; les muqueuses sont pâles, le poil long et terne; le cheval est nonchalant et lourd, et sujet à toutes sortes de maladies. Mais comme les os sont gros, la taille haute, les formes extérieures volumineuses, et que la bête *a du gros,* absolument comme le porc, cette conformation détestable trouve un grand nombre d'amateurs parmi les gens qui ne connaissent pas les chevaux.

D'après ces données, l'amateur qui voudra mettre son cheval dans la condition du service qu'il recherche, devra examiner les muqueuses et les déjections alvines, pour régler l'alimentation à donner; il saura s'il doit rafraîchir, purger, ou augmenter la ration d'avoine. La netteté de la respiration, le calme du flanc, la fermeté des tendons ou leur empâtement accompagné de chaleur, le plus ou moins de sensibilité des pieds, lui indiqueront si la dose de travail est donnée avec sagacité, s'il doit la diminuer, l'augmenter, la continuer, ou mettre momentanément son cheval au repos.

Celui qui prendra la peine de s'occuper

ainsi d'un cheval de valeur dès qu'il l'aura en sa possession, arrivera à le rendre capable d'un service brillant ou vite dans la limite de ses moyens; il pourra même reculer singulièrement cette limite, qui n'est peut-être qu'apparente; en tout cas, au lieu de tarer et d'user promptement l'animal, il le conservera et lui donnera même une certaine plus-value tout en s'en servant largement.

Mais les gens qui s'imaginent qu'au sortir de l'écurie du marchand, un jeune cheval bourré de son, habitué à une simple promenade hygiénique ou de dressage, et n'ayant connu avant cela que le travail du labour ou de la herse, va immédiatement traîner grand train, sans fatigue et tous les jours, une voiture de famille sur le pavé d'une grande ville, sans avoir été acheminé doucement à ce service nouveau pour lui, ne sont pas dignes de posséder des chevaux de prix.

Certes le cheval arabe, d'où dérive le cheval de pur sang, est un animal type non-seulement pour la conformation, mais pour la vigueur et le fonds, puisqu'il est capable de faire des temps de galop de cinq à six lieues, d'une seule haleine, et des courses de soixante-dix lieues en vingt-quatre heures, comme le prouve l'anecdote suivante : « Tous « les anciens officiers de la division d'Oran « peuvent raconter qu'en 1837, un général, « attachant la plus grande importance à obte- « nir des renseignements de Tlemcen, donna « son propre cheval à un Arabe pour aller les « lui chercher. Celui-ci, parti du Château- « Neuf à quatre heures du matin, y rentrait « le lendemain à la même heure, après avoir « fait soixante-dix lieues sur un terrain bien « autrement accidenté que le désert [1]. »

Mais il ne faut pas croire que cette énorme puissance est uniquement due à la race, à l'origine, aux qualités intrinsèques du cheval et que l'Arabe n'a qu'à l'enfourcher pour opérer des prodiges. Là comme partout, il faut que l'animal soit préparé, mis en condition par une hygiène bien entendue. Le géné- ral Daumas nous dit : « Tout propriétaire « d'un cheval, chez les Arabes, est un maître « attentif, vigilant, j'allais dire dévoué, qui

---

1. *Daumas*, chevaux du Sahara.

« suit et dirige les progrès, corrige les écarts,
« perfectionne les qualités de son élève de-
« puis le premier jour. Cette éducation em-
« brasse tout ; aussi bien que ce que j'appel-
« lerais volontiers les facultés morales, elle
« augmente, modifie, améliore les facultés
« physiques. *Tout est pesé, prévu, la boisson,*
« *les aliments, les exercices, la tenue au repos,*
« *tout est gradué et proportionné aux âges, aux*
« *lieux, aux saisons, tout est l'objet de soins in-*
« *cessants et soutenus.*

« Encore une fois, la question n'est pas de
« savoir si les soins sont bien entendus, s'ils
« ont tort ou si nous nous trompons ; mais
« après avoir avancé que dans la vie de l'A-
« rabe l'occupation dominante, à peu près
« unique, est l'éducation et l'entretien de
« son cheval, j'ai constaté que l'Arabe n'o-
« béit pas au hasard, que sa passion n'est pas
« aveugle et irréfléchie, comme le croient ceux
« qui l'observent de loin et d'un rapide coup
« d'œil. Il est guidé, comme pourra s'en
« convaincre tout homme qui l'étudiera avec
« opiniâtreté, qui l'examinera au micros-
« cope, si je puis ainsi parler, qui analysera

« ses faits et gestes de chaque jour, il est
« guidé par un parti pris traditionnel et mo-
« tivé. En un mot, cette éducation et cet en-
« tretien du cheval sont subordonnés à des
« règles *constantes et certaines qui toutes ont*
« *pour but de donner au cheval la vigueur, le*
« *fonds, la santé. Qu'est-ce autre chose que de*
« *l'hygiène?* »

Nos chevaux européens étant loin de valoir ceux de l'Orient, n'ayant ni le sang aussi
riche, ni la fibre aussi dense, ni les membres
aussi résistants, ont, à bien plus forte raison,
besoin d'être mis en condition, en prépara-
tion, pour les services divers auxquels nous
voulons les employer.

Un des soins d'écurie les plus négligés est
celui de l'entretien et de la conservation des
pieds par la propreté et par la ferrure. On
répète souvent le vieux et véridique adage :
Pas de pieds, pas de cheval; mais, en résumé,
les propriétaires lèvent rarement ceux de
leurs chevaux pour voir ce qui s'y passe. Je
vais donc essayer de le leur dire.

Les pieds antérieurs sont ceux dont les
fonctions sont les plus pénibles, puisqu'ils

ont à supporter une plus grande quantité du
poids du corps et que ce poids énorme est
souvent mû avec un degré extraordinaire de
vitesse. Leur élasticité est plus grande que
celle des sabots postérieurs, et leur sensibilité également.

Ceux dont la corne est mince à la sole et au
sabot ne doivent pas être laissés exposés à
l'humidité, puisqu'ils sont déjà trop tendres;
il faut alors employer fréquemment l'onguent goudronné, composé de saindoux, de
goudron et d'une quantité d'huile suffisante
pour lier les deux substances. La recette
est, comme on voit, bien simple. Plus les
pieds sont tendres, moins on met dans le
mélange de saindoux et d'huile, afin de
laisser au goudron son effet tonique et for-
tifiant.

Les pieds dont la sole est épaisse et la
corne abondante ont, au contraire, besoin
d'être souvent humectés avec de l'eau simple
ou de l'eau salée; dans ce cas, il sera bon
d'augmenter la proportion des deux corps
gras contenus dans l'onguent dont j'ai parlé,
et d'enduire la sole de bouse de vache ou

même de terre glaise mouillée, surtout après un travail pénible.

Les pieds de derrière devraient être nettoyés et lavés tous les jours; leur contact perpétuel avec l'urine et le crottin détermine la pourriture des fourchettes, qui donne quelquefois lieu à des maladies graves, presque toujours à l'atrophie de cette partie, et par suite au resserrement des talons. Le nombre des chevaux de luxe atteints de cette infirmité est considérable, grâce à la négligence des palefreniers. Les animaux mis en liberté dans les box tenus malproprement piétinent perpétuellement leurs déjections et sont parfois affectés de fourchettes pourries aux pieds antérieurs, ce qui a des conséquences beaucoup plus sérieuses, au cas où les talons se ressentent de cet état morbide. Rien n'est pourtant plus simple que de prévenir et d'arrêter le mal à son début. Il suffit de laver les pieds avec soin, de les essuyer, et de garnir tous les interstices avec des tampons d'étoupe imbibés de liqueur de Villatte. Le lavage quotidien et le pansement que j'indique, répétés deux ou trois fois par semaine, arrêteront au bout

de peu de temps les progrès de cette affection.

L'entretien des pieds est une des parties du
pansage que le palefrenier paresseux néglige
le plus. Il met un peu de cirage sur les sabots
au moment où il attelle et tout est dit; « le
reste ne se voit pas. » Il en est de même du
lavage de la crinière et de la queue, à la base
des crins, qui devrait être fait au moins une
fois par mois, et auquel on substitue un coup
de brosse de chiendent mouillée.

Et le fameux « coup de torchon » dans le
sens du poil, qui en cinq minutes donne à la
robe l'apparence du pansage le plus complet,
et octroie par conséquent une demi-heure de
« boni » au groom altéré dès le matin, et dé-
sireux de tuer le ver ! J'allais oublier la vieille
recette des Bohêmes d'écurie, le bouchon de
foin imbibé d'urine (pardon !) qui, en quelques secondes, rend pour un instant le poil
brillant comme le ferait un pénible brossage
d'une demi-heure. On cache ce précieux engin
dans un coin quelconque, et on « l'arrose »
(pardon encore !) fréquemment. Plus il est
vieux, meilleur il est. Comme c'est propre,

12

n'est-il pas vrai? Caressez donc vos chevaux! Aussi le prophète Mahomet, d'après
les conseils de l'ange Gabriel, vérifiait le pansage de ses chevaux avec les manches de sa
chemise.

Les meilleurs pieds pourront s'altérer s'ils
sont négligés, tandis que ceux qui sont naturellement médiocres peuvent, par un traitement convenable, être mis à même de supporter un service actif, surtout si le cheval est
ferré par un maréchal intelligent qui au lieu
d'adapter le pied du cheval à des fers forgés à
tout hasard, forge au contraire et dispose ses
fers pour les pieds qu'il doit ferrer.

Le ferrage pendant lequel les cochers in-
souciants, ayant attaché le cheval dans une
stalle ou à un anneau scellé dans le mur
de la forge, s'en vont boire au cabaret voisin, est une opération d'une haute importance, à laquelle devrait toujours être présent un domestique aimant ses chevaux. Il
verrait si les fers sont trop lourds, les étampures trop rapprochées des talons; si la forme
du pied est conservée par l'ouvrier auquel
il pourrait rappeler que le cheval a les pieds

délicats ou les aplombs défectueux, et dont il tiendrait l'attention en éveil.

Les talons, la sole et la fourchette sont presque toujours trop abattus, relativement à la pince ; il en résulte pour beaucoup de chevaux que la pince seule porte, ou que les talons n'arrivent à toucher que par un allongement des tendons qui finit par amener la boiterie.

Les fers devraient toujours avoir leur surface adhérente au pied parfaitement plate et unie, car la corne qui doit reposer sur la partie supérieure du fer est la partie du pied qui supporte la plus grande portion du poids du corps. En France, on a tellement la manie de l'ajusture exagérée, et on relève tellement la pince, que les pieds antérieurs n'ont plus d'appui assuré, ne portant pas à plat sur le sol.

Avec tous les chevaux et surtout avec ceux qui sont employés aux allures vives, la dernière étampure ne devrait jamais être plus rapprochée du talon que la partie la plus large, ou en d'autres mots, le centre du pied antérieur. On dit qu'il faut huit clous à un fer, et on serait assez embarrassé d'expliquer pour-

quoi; sept, comme aux fers des chevaux anglais, suffiraient, je crois, largement.

Je ne pense pas qu'il y ait jamais nécessité
de forger des fers de devant épais en pince et
minces en éponges, comme cela se pratique
dans les campagnes, et même quelquefois à la
ville; mais le contraire, c'est-à-dire, les
éponges plus ou moins nourries suivant la
hauteur des talons, mais toujours plus épaisses
que la pince, me paraît nécessaire avec tous
les chevaux. Ceux qui usent également un fer
égal dans toutes ses parties, sont tellement
rares que je les cite pour mémoire, ajoutant
que cet état de choses est si peu durable qu'il
faut bientôt en arriver aux éponges nourries,
avec les meilleurs pieds et les aplombs les
plus réguliers.

Avec les chevaux qui ne se coupent pas, il
est inutile de poser le fer trop juste du côté
interne afin qu'il ne déborde pas et de le laisser dépasser beaucoup en dehors. Cette méthode, en rejetant l'appui sur le talon du dedans, contribue à l'enflammer et occasionne
des bleimes surtout si l'animal fait un rude
service immédiatement après la ferrure, et si

l'éponge du fer est, pour comble de désagré-
ment, contournée et rentrée en dedans de
manière à occasionner des meurtrissures.
Tout le monde sait que sur dix bleimes
il y en a au moins huit du côté interne du
talon.

Au lieu de se servir de la râpe seulement
pour abattre les bavures de la corne, à la
partie inférieure du sabot, et pour adoucir les
aspérités des rivets des clous, certains maréchaux râpent tout le sabot depuis le fer jusqu'à la couronne, absolument comme s'ils
rabotaient une planche de volige. Ils trouvent
le pied charmant quand ils l'ont ainsi préparé,
et ne se doutent pas qu'ils l'ont abîmé, dessé-
ché et prédisposé aux seimes, surtout quand
il est accidentellement cerclé, ce qui arrive à
certains chevaux même sans fourbure. Au
lieu de laisser les cercles descendre, ils les
font disparaître, parce que, disent-ils, cela
est malpropre, et les seimes ne tardent
pas à se montrer si les pieds sont longs et
étroits.

Pour les pieds de derrière, deux pinçons
latéraux sont bien préférables à un seul placé

12.

en avant. D'abord cela permet aux pinces des
fers d'être taillées droites et un peu carrément, au lieu d'être arrondies; cela peut ne
pas être « joli, » mais on trouve à cette méthode les avantages suivants : il est plus facile
de prévenir le forgeage en empêchant les
pinces des fers de s'étendre aussi loin que
celles des pieds. En cas d'atteinte, le cheval
a moins de chance de détacher un de ses fers
antérieurs, et le coup porté aux talons du pied
de devant est moins douloureux étant produit
par la corne de celui de derrière, que s'il
l'était par le pinçon en métal.

Pour les chevaux qui galopent et qui sau-
tent, les Anglais disent avec raison que la
pince de derrière taillée droite donne au cheval plus de point d'appui lorsqu'il prend son
élan. « Dans le saut, dit Robinson, les pinces
« des pieds postérieurs sont les dernières à
« quitter le sol et par conséquent, si les
« pinces du fer sont rondes, il n'y a qu'un
« point d'où la résistance finale peut être
« obtenue; mais si elles sont droites, le
« point de support sera de plusieurs centi-
« mètres. »

Les chevaux en service sont exposés à des accidents qui, soignés immédiatement, n'ont aucune gravité, et qu'un cocher peut traiter sans le secours du vétérinaire. Je n'ai pas l'intention d'empiéter sur le terrain de l'hippiatrique dans le sens médical du mot, et il me paraît préférable, dès qu'un cheval est atteint d'un mal interne quelconque, d'avoir recours de suite à l'homme de l'art, que de tenter sur le pauvre animal des essais saugrenus de médecine aventurée. Ainsi, dès que la gourme dont je suis pourtant habitué à soigner tous les ans plusieurs cas chez les jeunes chevaux, se présente dans un sujet avec des conditions inflammatoires qui la compliquent, je ne me risque point à la traiter avec mes propres connaissances.

Mais l'engorgement des tendons, les molettes et vessigons récents, les capelets au début, les scimes superficielles, la prise de longe, les crevasses, les dartres accidentelles et non chroniques, les vers, les plaies des barres et des lèvres, et celles provenant des blessures de harnais, les atteintes, sont des affections dont un propriétaire de chevaux, ayant quelque goût hippique, doit pouvoir indiquer le traitement à ses hommes d'écurie. Les plus grands seigneurs anglais (toujours les Anglais ! qu'y puis-je faire ?), qui demandent à leurs chevaux de selle et de chasse un travail dur, ne dédaignent pas de connaître à fond et de diriger eux-mêmes les soins à donner en cas d'accidents résultant d'une trop rude journée.

Je vais donc indiquer la médication des affections citées plus haut qui m'a paru la plus efficace. Je n'ai pas inventé ces remèdes ; j'ai acquis, comme bien d'autres, en payant le vétérinaire, la possibilité de les connaître, et ma position m'a permis de les appliquer à un grand nombre de chevaux. Comme, au lieu de remettre les ordonnances à un palefrenier et d'attendre la guérison, j'ai souvent fait moi-même l'office d'infirmier, il m'a été possible de remarquer les traitements qui réussissaient le mieux, et je me fais un devoir de les consigner ici.

Engorgement des tendons. Lorsqu'un tiraillement accompagné de douleur et de tuméfac-

tion se produit sur un tendon ordinairement
sain, soit par le fait d'un saut, d'un faux pas,
d'une glissade, soit par un travail outré, il y a
fièvre et inflammation ; l'engorgement est aigu,
et il faut d'abord avoir recours aux cataplasmes
de mauves et de son mélangés et assez fortement saturnés, et au repos complet, jusqu'à la
disparition des symptômes inflammatoires.
Alors, si l'affection est légère, on exerce quand
le calme est rétabli, une révulsion sur la peau
à l'aide de la charge suivante, tout à la fois
excitante et fortifiante :

> *Goudron liquide.* . . . . 30 gr.
> *Axonge.* 15
> *Essence de térébenthine.* 12
> *Teinture de cantharides.* 12

On peut faire travailler le cheval dès le sur-
lendemain de l'application. Si le cas est plus
grave, on peut en composant le remède porter à 45 grammes la quantité d'essence de
térébenthine et de teinture de cantharides, et
alors laisser à l'animal quatre ou cinq jours
de repos après l'application.

Quand l'engorgement est chronique, et pour ainsi dire indolent, il résulte, soit d'une faiblesse naturelle des tendons, soit d'un premier accident mal guéri, et il y a souvent, après le travail, gonflement de la membrane synoviale enveloppant le tendon dans la coulisse où il passe. Dans ce cas, on peut se passer de cataplasmes et avoir immédiatement recours au vésicant énergique et fondant dont voici la formule :

Proto-iodure de plomb. . . . . . 5 gr.
Deuto-iodure de mercure. 3
Onguent vésicatoire. 15
Axonge. 30

On laissera le cheval au repos pendant quinze jours.

Quand on voit apparaître un *vessigon* ou des *molettes*, ce médicament employé de suite peut en arrêter les progrès et même les faire disparaître ; mais quand ces deux tumeurs sont déjà anciennes, il n'y a pas jusqu'ici de remède réellement efficace contre elles. Un vétérinaire qui inventerait un spécifique guérissant radicalement les vessigons et les molettes chevillées, rendrait un immense service à tous ceux qui se servent de chevaux, et mériterait une récompense nationale. Il en est de même des vieux *capelets*, je n'en ai jamais vu guérir un ; il est vrai qu'ils ont rarement un inconvénient sérieux, ils sont très-désagréables à l'œil, mais je ne crois pas qu'ils puissent être une cause de boiterie.

Quand ils sont récents et encore chauds, après le froissement de la pointe du jarret contre un corps dur, une contusion, une flexion violente, ou une chute, il faut mettre le cheval au repos, et employer d'abord les topiques émollients ; comme il serait impossible de faire tenir un cataplasme à la pointe du jarret, des onctions d'huile camphrée tiède le remplaceront ; on les fera jusqu'à ce qu'il n'y ait plus d'inflammation aiguë, et alors on pourra, pendant plusieurs jours, frictionner la tumeur avec un mélange de 1/3 alcool camphré, 1/3 extrait de Saturne et 1/3 teinture d'arnica. Il faut continuer quelquefois assez longtemps ces frictions matin et soir ; les faire avec la main, assez longtemps, mais sans frotter avec force.

La seime superficielle ne cause par elle-même aucune douleur, mais si on la néglige, elle peut arriver à une certaine profondeur, produire alors une claudication plus ou moins marquée et nécessiter une opération chirurgicale. A son début, on l'arrête quelquefois en introduisant dans la fente de la térébenthine solide de Venise, et en frottant chaque matin avec cette substance le bourrelet ou renflement de la peau situé sous le biseau de l'ongle, et le haut du sabot jusqu'aux rivets, la seime comprise.

Térébenthine solide de Venise. . .   60 gr.

La térébenthine a une action reconnue pour favoriser la sécrétion de la corne, et celle de Venise, plus consistante que celle des sapins, réunit comme un mastic les deux bords de la fente et l'empêche de s'agrandir.

La prise de longe. Si le cheval se prend le

pâturon dans sa longe, ce qui arrive surtout quand il est attaché par une seule longe et sans billot, il se forme souvent immédiatement dans le pli du pâturon une crevasse avec suintement d'humeur et engorgement chaud du boulet et d'une partie de la jambe, le tout suivi de fièvre dans ces parties. Le traitement suivant m'a toujours réussi : bains d'une demi-heure dans un seau d'eau froide dans lequel on aura versé deux verres de vinaigre et deux poignées de gros sel. Renouveler ces bains toutes les deux heures jusqu'à la disparition de l'inflammation ; repos complet. Soigner ensuite la plaie, en la lotionnant (au sortir du bain) avec une éponge imbibée de liqueur de Villatte, et en l'enduisant ensuite d'onguent populéum fortement saturné.

Les crevasses nouvelles peuvent se traiter par les cataplasmes d'abord, et les bains d'eau tiède, suivis plus tard d'applications de la liqueur de Villatte, par-dessus laquelle on enduit immédiatement la crevasse d'onguent populéum saturné. Je ne parle ici que de celles qui sont accidentelles ; quand elles passent à

13.

l'état chronique, il est, je pense, très-difficile
de les extirper radicalement. La charge de
Lebas, aidée du repos, les fait momentanément disparaître, mais un travail très-dur à
des allures rapides les renouvelle.

Les dartres. qui ne cèdent pas au traitement suivant :

Onguent vésicatoire Lebas. . . . . .   40 gr.
Onguent populéum.   15

que l'on applique en couche légère sur le mal
jusqu'après dessiccation complète, sont cons-
titutionnelles, c'est-à-dire qu'elles tiennent à
la disposition native du sujet, et elles exigent
un traitement interne qui exerce une action
générale sur l'économie.

Les vers.—Sauf les jeunes chevaux, ou ceux
qui ont pris longtemps le vert en liberté, les
chevaux soumis à une hygiène et à un régime
réguliers, sont peu sujets aux vers. Les œstres

de l'estomac sont ordinairement détruits par
le vermifuge purgatif suivant :

Huile empyreumatique. . . . . . . ·40 gr.
Aloès des Barbades. 20

en deux pilules, données de suite.

Les plaies aux barres, « qui n'arrivent jamais
aux chevaux menés par de bonnes mains »,
dirait un pédagogue, arrivent néanmoins parfois quand on a affaire à certains gueux qui
cherchent à emporter leur homme ; en attendant qu'ils soient dressés, assouplis, etc...,
il faut les monter, et mieux vaut assurément
leur démolir la mâchoire que de dégringoler
avec eux dans une carrière taillée à pic, ou
dans un fossé bourbeux et sans issue. Il peut
donc, dans ce cas, se présenter une plaie avec
suppuration, arrivant à la dénudation légère
de l'os. En faisant sur cette plaie tous les jours
trois ou quatre applications d'hypochlorite de
chaux, elle guérira très-vite. Si le service du
cheval est indispensable, on mettra le mors

momentanément plus haut ou plus bas que la
plaie, et on entourera le canon de ce côté d'un
chiffon enduit d'hypochlorite de chaux.

Écorchures de la bouche.—Si les barres sont
sujettes à s'enflammer, à devenir rouges, et
que les lèvres trop sensibles, ou tellement
charnues qu'elles se replient à leur commissure, s'écorchent facilement sous l'action du
mors, prendre une poignée d'écorce de chêne
que l'on mettra dans la valeur de quatre verres
d'eau, faire bouillir de manière à réduire à
deux verres et demi; jeter dans le liquide
filtré 30 grammes d'alun cristallisé, et laisser
refroidir. Ensuite, lotionner la muqueuse des
barres et des lèvres avec une étoupe imbibée
de ce mélange, deux ou trois fois par jour.
Outre une cicatrisation rapide, l'écorce de
chêne, grâce à son principe astringent, ne
tarde pas à procurer une grande fermeté, une
sorte de *tannage* aux muqueuses trop impres-
sionnables.

Blessures produites par les harnais, selles, etc.

Avec des harnais [1] bien fabriqués et mis à leur point, des selles dont les panneaux sont souvent battus et séchés, les blessures sont très-rares. D'ailleurs, dès qu'un cocher soigneux remarque de la chaleur ou de la sensibilité, il éponge la partie avec de l'eau froide, de l'eau salée, ou de l'eau blanche un peu forte en extrait de Saturne, s'il y a quelque gonflement. Si la contusion est assez grave pour faire échouer ces divers moyens de prévenir l'inflammation, il faut, dès qu'elle se montre, recourir aux cataplasmes, et si une tumeur se forme, s'adresser au vétérinaire, qui seul peut apprécier l'opportunité de l'ouvrir ou d'obtenir sa résolution. S'il ne vient pas de tumeur, on devra, lorsque l'inflammation aura cédé aux émollients, faire des frictions résolutives avec de l'alcool camphré. Ces frictions devront amener de la chaleur, mais il est inutile et même nuisible qu'elles pro-

---

1. Je saisis cette occasion pour recommander à tous les amateurs de chevaux le collier élastique inventé par M. Rémière; il s'applique merveilleusement sur l'épaule, dont il prend pour ainsi dire la forme, et ne blesse pas les chevaux, même ceux dont l'épiderme est le plus délicat.

duisent un commencement de vésication, comme s'il s'agissait d'un tendon à fortifier.

S'il y a plaie, ce qui ne devrait jamais arriver dans une écurie bien tenue, il faut laver avec de la teinture d'arnica, cinq ou six fois par jour, et favoriser la cicatrisation par le repos et la propreté. Quand les croûtes sont formées et prêtes à se détacher, on doit non pas les arracher, comme cela arrive aux gens maladroits, mais les enduire d'onguent populéum pour aider à leur chute.

Atteintes. Les atteintes légères se guérissent naturellement; les bains froids sont bons dans ce cas. S'il y a plaie contuse, comme cela arrive lorsque la pince du pied postérieur a violemment frappé le talon du pied de devant, la suppuration arrive avec l'engorgement très-chaud, et on ne peut pas toujours éviter l'emploi des cataplasmes avant celui des astringents. Lorsque les émollients ont produit leur effet, il est facile de faire sortir le pus, soit par la pression du doigt, soit en pratiquant une petite ouverture, et alors on panse avec des étoupes imbibées d'onguent égyptiac ou de liqueur de Villatte. A ce point, la guérison marche très-vite.

L'entretien des harnais et celui des voitures sont, dans beaucoup de maisons, très-superficiels. Les voitures sont lavées, les harnais cirés, et là se bornent les soins des cochers. Il est pourtant nécessaire d'entrer dans d'autres détails.

Je dirai d'abord qu'une sellerie doit être sèche et chaude; des boiseries le long des murs et un petit poêle placé au milieu de la pièce, dans lequel on fait du feu par les temps de dégel et d'humidité, sont absolument indispensables pour la conservation des cuirs. Rien n'est décourageant pour un homme d'écurie soigneux, comme de voir des harnais parfaitement tenus se moisir sur le tréteau, les mors se rouiller et les cuivres s'oxyder en dépit d'un nettoyage consciencieux.

En supposant une sellerie convenable, voici un moyen simple d'entretenir les harnais et de leur donner beaucoup de durée. Ce n'est ni long, ni compliqué. Une fois par an, seulement, on démonte le harnais en entier; on le nettoie à fond et on l'essuie soigneusement avec un morceau de laine.

Cette opération faite, il faudra faire bouillir de l'huile de pied de bœuf, de poisson, ou mieux encore de l'huile d'olive avec un tiers de saindoux. Le tout étant très-chaud, sans être bouillant néanmoins, y tremper un tampon de drap enroulé sur un petit bâton et graisser légèrement le harnais mis à plat sur une table. Passer lestement l'huile dessus et dessous chaque pièce, et laisser pendant vingt-quatre heures le harnais s'imbiber, se nourrir en quelque sorte de ce corps gras. Alors on le remonte, après l'avoir essuyé à fond avec un chiffon de laine, jusqu'à ce qu'il ne salisse plus ce chiffon.

On pourra cirer le harnais huit jours après ce graissage, en ayant soin de tenir durant l'intervalle les cuirs très-propres.

Pour les selles et les brides en cuir jaune, tous les mois on les nettoiera de la manière suivante : mouiller une éponge ou un morceau de flanelle avec du savon (celui dit de l'Étoile est bon, le savon de toilette, où il y a moins de potasse, est encore meilleur); on passera l'éponge sur la selle ou sur la bride démontée, de manière à faire mousser le savon, puis on rincera avec une autre éponge et le moins d'eau possible, et on laissera sécher.

Les cuirs étant secs seront essuyés avec un morceau de laine. Alors on dissoudra deux onces de gomme dans un litre d'eau (il ne faut pas que la gomme arrive à coller, et pour cela on ajoutera de l'eau quand on sera près d'arriver au fond de la bouteille). Puis, avec un petit morceau d'éponge, on imbibera très-légèrement les cuirs avec ce mélange et on frottera immédiatement avec un morceau de toile propre jusqu'à ce que la selle et la bride reluisent et paraissent pour 'ainsi dire vernies.

Tous les cochers lavent plus ou moins bien une voiture; mais il en est un grand nombre qui ne savent pas entretenir, ou qui nettoient fort mal les patentes des roues. Plusieurs carrossiers m'ont affirmé le fait et m'ont montré des voitures en réparation dont les patentes abîmées témoignaient une ignorance ou une incurie incroyables de la part du cocher ou de son groom. Il n'est donc pas inutile d'indiquer ici la manière convenable de graisser les roues à patentes.

Après avoir démonté soigneusement le chapeau et les écrous, les placer à l'abri de la poussière ; nettoyer la fusée et la boîte, sans oublier le réservoir qui est au gros bout de la boîte. Pour remonter, remettre la rondelle de cuir au collet de l'essieu, verser de l'huile dans le réservoir et un peu sur la fusée, et remettre la roue en place.

Enfoncer alors la bague en ayant soin de la mettre dans son sens, c'est-à-dire de manière que l'épaulement de la bague porte bien sur celui de la boîte. On serre le premier écrou de gauche à droite jusqu'à ce que la roue ne tourne plus, ce qui annonce qu'elle est serrée à fond ; puis on la desserre jusqu'à ce qu'elle tourne librement, sans cependant laisser du jeu sur la longueur. Dans le cas où le premier écrou étant serré entièrement, la roue, au lieu d'être enrayée, tournerait encore, c'est que la rondelle placée au collet de l'essieu serait trop mince, et on devrait alors la remplacer par une plus épaisse.

Le premier écrou serré à un point conve-

nable, on serrera le second de droite à gauche,
et on enfoncera la clavette en l'écartant un
peu par le bas.

On recouvrira le tout du chapeau après y
avoir versé de l'huile. On le revissera de gauche à droite en le soutenant par le milieu avec
le pouce de la main gauche, pendant que la
droite le fera légèrement tourner pour le bien
mettre dans son pas de vis. On le serrera ensuite avec la clef. Faute de ces précautions,
le pas de vis du chapeau ne tarde pas
à être forcé, et celui-ci placé tout de travers.

Quant au cric de l'avant-train, il se graisse
avec du suif et de la manière suivante : faire
tourner l'avant-train et graisser les parties
libres ; puis, pour les voitures légères, un
homme se place sous la caisse, la soulève,
tandis qu'un autre met du suif dans la cheville ouvrière dont il a desserré l'écrou et qui
s'est ouverte par l'effet de l'enlevé de la caisse.
On fera tourner le train pour graisser tout le
tour de la cheville. Cette opération devrait,
comme celle du graissage des roues, être faite
au moins une fois tous les deux ou trois mois

et plus, si la voiture a un service quotidien un peu rude.

Il arrive quelquefois par l'introduction d'un corps étranger entre la fusée et la boîte d'une roue, ou par l'enrayement à la suite d'un transport de voiture sur un truc de chemin de fer, l'hiver particulièrement, que des aspérités se produisant sur la fusée, dite alors fusée cannelée, la roue tourne difficilement. Dans ce cas, voici ce qu'il y a à faire : démonter la roue, essuyer la fusée et la boîte jusqu'à ce qu'elles soient parfaitement sèches; mettre alors sur la fusée de l'eau et de l'émeri fin; replacer en tâtonnant, pour ne pas la forcer, la roue sur la fusée, sans remettre la bague ni les écrous, et faire tourner la roue à la main jusqu'à ce que l'émeri ayant usé les aspérités de la fusée, la rotation ait lieu facilement. La fusée étant redevenue polie, se hâter de retirer la roue, sans quoi la boîte chaufferait. Laisser refroidir la roue et la fusée; essuyer à fond avec des chiffons secs la boîte, la fusée, la rondelle et le pas de vis, de manière à ce qu'il ne reste pas la plus petite parcelle d'émeri, et remonter la roue.

Les personnes qui regarderaient comme

inutiles les détails qui précèdent, ont le droit de ne pas les lire ; mais celles qui ont éprouvé l'ennui de se trouver à la campagne, à cinq ou six lieues d'une ville, avec un nouveau cocher ignorant ou maladroit (et cela peut arriver à tout le monde), me sauront peut-être gré de les avoir donnés. Elles feront hommage de ce livre à leurs cochers, et s'il n'est pas goûté au salon, il sera lu à l'écurie ; j'en serai enchanté, car au moins il sera lu, ce qui n'arrive pas à tous les livres.

———

Un mot en finissant sur les cochers bons, médiocres ou mauvais, dont l'influence directe et quotidienne agit pour une large part dans la conservation ou la perte des chevaux.

Les bons sont rares, très-rares ; le fait est dur à constater, mais il est vrai. Élevés honnêtement, ils sont consciencieux, polis, adroits, propres, élégants et sobres ; ils aiment les chevaux de passion depuis leur enfance, et le contact des autres domestiques ne les a point gâtés. Et l'on voudrait qu'un tel ensemble de qualités ne fût pas chose rare ? Pour moi, j'en parle un peu pour mémoire, afin de constater l'existence de ces êtres exceptionnels, de les exhorter à croître et à se multiplier, et d'engager les personnes qui les ont à leur service à les couvrir d'or. On ne saurait trop les payer, à mon avis.

Les médiocres fourmillent. Ceux-là sont cochers comme ils seraient maçons ou cantonniers, par hasard. Ils n'aiment pas les chevaux plus que toute autre chose ; ils arrivent à mener proprement les animaux sages, sont assez exacts, polis à leurs heures, et servent à table comme ils conduisent. Ils s'enivrent rarement, et au lieu de voler, ils se contentent de « gratter » un peu à l'occasion. En général les plus honnêtes sont les plus maladroits ; pourquoi ? On n'a jamais pu savoir. Mais beaucoup trouveraient le moyen d'accrocher sur une route impériale de première classe. Quelques-uns font difficilement le sacrifice de leurs moustaches, et ont une tendance persistante à se coiffer le chapeau sur l'oreille.

Quant aux mauvais cochers, qui fournissent un contingent assez satisfaisant, on peut les classer ainsi : ceux qui sont vicieux et adroits,

et les maladroits vicieux. Les premiers, gens
intelligents et très-fins, ont eu une enfance
négligée et une jeunesse vagabonde; ils ont
beaucoup vu et beaucoup retenu. D'abord petits grooms dans une grande maison, ou employés au pansage dans une écurie de course,
ils ont rôdé de tous côtés, tantôt chez un marchand de chevaux, tantôt chez un loueur de
voitures, tantôt chez un maître riche. Ils connaissent la bonne et la mauvaise fortune. Véritables enfants de la balle, ils savent le métier
à fond. Ils mènent bien, avec tact et hardiesse,
des chevaux vigoureux et même difficiles. Leur
tenue a du cachet, leur extérieur est irréprochable. Le faux col arrondi sans cassure, la
cravate d'une blancheur immaculée et ornée
de l'épingle en fer à cheval, les favoris étroits,
les cheveux taillés à l'anglaise, le chapeau
coiffant bien, et le reste du costume à l'avenant:
tout est d'une élégance parfaite. En bourgeois,
ils ressemblent à des « gentlemen » affligés
de vilains abattis, mais d'ailleurs tout à fait
« respectables », comme on dit en Angleterre.
Leur politesse a une pointe marquée d'inso-
lence, et en surveillant la besogne de l'écurie,

ils sifflent volontiers des airs impertinents, d'une façon intentionnellement agaçante.

Je dis en surveillant, car les maîtres cochers, ou premiers cochers, ont sous leur direction des palefreniers ou de jeunes grooms qu'ils forment, hum! et qui travaillent comme des nègres, pendant que le gentleman – cocher prend son café en lisant les journaux du jour.

Ces messieurs, de mœurs légères, dédaignent les femmes de chambre, et leur préfèrent les biches de troisième catégorie qu'ils promènent en coupé quand leurs maîtres sont en voyage. Ils ne vont point au cabaret, mais ils ont au café un compte courant. Suivis de leur terrier-bull, ils vont chez les marchands, où ils ont le verbe haut et des remises considérables. Ils disent mon sellier, aussi bien que mon break, mon alezan, et les fournisseurs qui rechignent à la poignée de main, ou qui ne disent pas : monsieur Baptiste, monsieur François, sont des fabricants de camelotte qu'il faudra remplacer au plus vite. Ceux de cette première catégorie ne s'enivrent pas *précisément*; ils ont la débauche plus distinguée. Ils sont, du reste, voleurs et paresseux.

La seconde catégorie, celle des vicieux et maladroits, offre une physionomie analogue à la première ; mais la copie est pâle à côté du modèle. L'ivresse est plus crapuleuse ; il y a brutalité avec les chevaux, précisément parce qu'il n'y a ni tact ni savoir ; la paresse et le vol sont aussi en honneur chez eux que chez les précédents. Ils sont quelquefois moins insolents, peut-être par la conscience de leur infériorité et de leur maladresse.

Les vices les plus déplorables chez un cocher que je suppose d'ailleurs connaissant son métier, sont la paresse, l'ivrognerie et l'improbité.

Les inconvénients résultant de la paresse et ceux qui proviennent de l'ivrognerie, sont à peu près les mêmes. Comme l'ivrogne, le cocher paresseux néglige de donner aux chevaux les repas à des heures réglées ; il abrége le pansage, n'a aucun soin des pieds, n'assiste pas au ferrage, et ne se soucie aucunement de l'hygiène et de la condition des animaux qui lui sont confiés. L'ivrogne les brutalise davantage, et son menage est exposé à toutes sortes d'accidents, à cause de l'incertitude que les fumées du vin donnent à sa main et à son coup d'œil. Des deux côtés, la négligence est complète, absolue ; les chevaux qui résistent à ce système d'incurie sont doués d'un tempérament de fer. La plupart sont usés ou tarés prématurément.

L'improbité donne lieu à des abus bien plus graves. Les vols que les cochers peuvent commettre plus impunément que les autres domestiques tiennent à la liberté qu'ils ont de traiter directement avec les fournisseurs pour l'acquisition des fourrages, des harnais, la réparation des voitures, quelquefois même l'achat des chevaux. Dans beaucoup de maisons, ces diverses opérations ont lieu sans le contrôle du maître, qui tous les ans paye sa note en grommelant un peu, mais sans aller au fond des choses. Quand l'exagération des chiffres est patente, il se décide à faire un coup d'État et à congédier le cocher ; mais il s'y prend d'ordinaire trois ou quatre ans trop tard, et le valet infidèle, préparé d'avance au renvoi, s'éclipse philosophiquement en emportant des dépouilles opimes. Il formule ainsi aux camarades la valeur de la maison qu'il vient de quitter : « C'était une bonne place, mais il n'y avait, à la fin, plus rien *à faire*. »

Je passe condamnation sur l'escompte de tant pour cent sur toutes les fournitures, la ferrure comprise ; le taux varie suivant les marchands et suivant les quartiers. Cet abus, comme celui des étrennes données par les fournisseurs, est aujourd'hui adopté et admis sans conteste aussi bien que le sou par franc des cuisinières. L'usage en s'étendant aura bientôt force de loi. Mais le vol en nature est pratiqué sur une grande échelle par les cochers infidèles. Ainsi on recevra d'un grainetier l'escompte sur la quantité d'avoine et de fourrages payée par le maître, et en diminuant la ration des chevaux, on fera des économies en nature pour les revendre soit pendant une absence du maître, soit au moment du départ pour la campagne. « On prend à toute main dans le siècle où nous sommes, » disait Thomas Corneille. Le corps du délit est le plus souvent charroyé par les gens qui enlèvent le fumier, et qui le dissimulent par une couche de litière.

Avec les harnais, il y a une spéculation analogue, comme le prouve l'exemple suivant : Un de mes voisins avait un certain jour renouvelé son cocher et ses harnais. Le nouvel automédon se trouvait en possession d'un harnais à deux et d'un harnais simple entièrement neufs. Au bout d'un an, le maître reçoit parmi les notes de ses fournisseurs une facture du sellier contenant un long détail de pièces remplacées, s'élevant à près de deux cents francs. Deux cents francs de réparation sur des harnais neufs, la première année de leur service, c'est un peu raide ; aussi ses soupçons furent éveillés ; il fit appeler son cocher, qui, après avoir d'abord essayé de soutenir que les chevaux brisaient tout, balbutia et ne sut quelles explications donner. L'ouverture de sa malle jeta une vive lumière sur la question. On y trouva un harnais simple complet (moins la sellette), que notre homme s'était composé peu à peu, en demandant au sellier tantôt un trait, tantôt une croupière, etc...

Il est aussi des infamies dont les pauvres chevaux sont victimes ; les uns sont maltraités à l'écurie et rendus méchants à l'homme, parce que le marchand qui les a vendus n'a pas donné de gratification au cocher, ou a donné un pourboire mesquin. Pour ce même motif, d'autres sont surmenés et rendus à moitié fourbus, ou bien tellement brutalisés par la main et par le fouet, qu'ils arrivent à se défendre et à effrayer leur propriétaire au point qu'il n'ose plus s'en servir et qu'il est exaspéré contre le marchand. Les chevaux sont rétifs ou abîmés, mais le cocher est enchanté de sa petite vengeance.

Le maquignonnage s'est introduit dans les écuries à l'aide d'une franc-maçonnerie dont les loges sont disséminées dans une foule de cabarets; les maîtres de l'ordre sont d'anciens cochers, des grooms sans place, et des maquignons faisant le commerce des chevaux dans des chambres garnies. Un exemple fera mieux comprendre les menées de cette association de fripons : Vous avez, je suppose, un excellent cheval alezan qui fait parfaitement votre service; il devient en peu de temps maigre et mou, ou boiteux, ou rétif, et vous vous décidez, à regret, à le vendre soit aux enchères

publiques, soit à l'amiable en faisant poser
une affiche sur la porte de votre maison. Vous
vous demandez sans doute comment il se
fait qu'un vaillant animal ait pu en peu de
temps changer d'une manière aussi absolue.
Je vais essayer de vous l'expliquer. Un jour,
un « ami » de votre cocher est venu le trouver, et, connaissant sa moralité, lui a tenu à
peu près ce langage : « J'ai à placer un cheval alezan qui ressemble au *tien* à s'y mé-
prendre ; en vendant les deux ensemble, il y
aurait beaucoup d'argent à gagner, à cause de
leur irréprochable appareillement ; et si tu
veux entrer dans l'affaire..., tu auras tant. »
Votre cocher est donc entré dans l'affaire,
ayant pour apport « son industrie, » c'est-à-
dire l'ensemble des petits moyens propres à
vous obliger à vendre votre cheval. L'ami en
question, petit courtier, brocanteur ou cocher,
a racheté votre cheval à la vente publique, ou
est peut-être venu impudemment vous l'acheter à vous-même.

Je pourrais citer beaucoup de tours du
même genre, mais cela m'entraînerait hors
du cadre où j'ai voulu renfermer mon tra-

vail; ce que j'ai signalé me donne l'occasion de revenir à mon thème favori. Si
les propriétaires de chevaux avaient en général plus de goût et de savoir hippiques,
ils daigneraient descendre parfois à leur
écurie; ils sauraient distinguer la bonne de
la mauvaise avoine; ils verraient si le cheval
a sa ration; ils ne seraient dupes ni de certaines boiteries, ni de la mollesse due à l'abs-
tinence ou à la nourriture délayante du son
et du foin substitués aux douze litres d'avoine
payés au grainetier; ils seraient en droit de
dire en parfaite connaissance de cause à un
cocher infidèle : « Si d'ici à quinze jours ce
cheval continue à maigrir, s'il ne reprend pas
de l'état et de l'énergie, je vous congédierai. »

En un mot, ils se méfieraient, se rappelant
que le grincheux Caton disait déjà : « Au-
« tant de serviteurs, autant d'ennemis. »

TABLE DES MATIÈRES

14

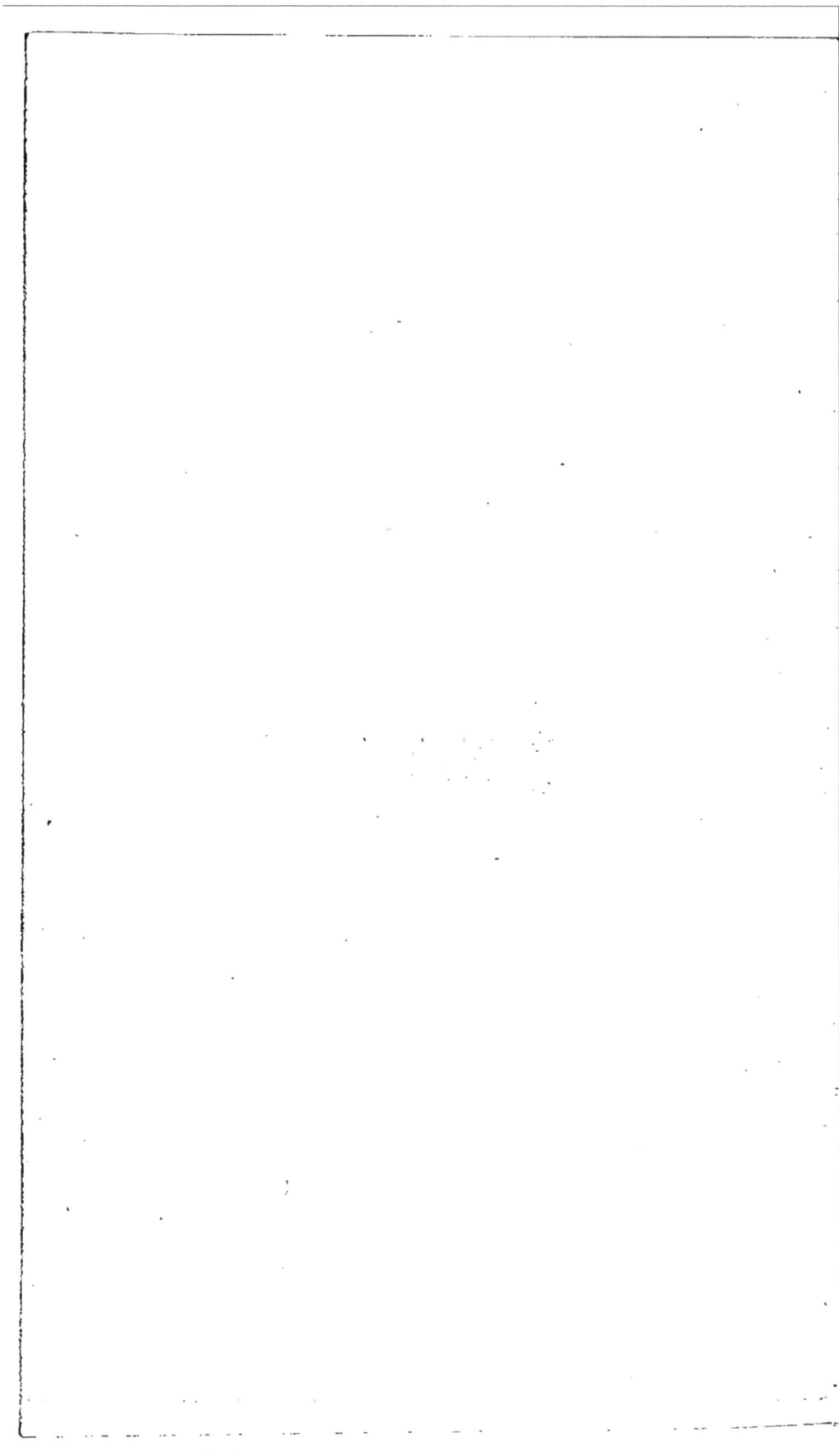

ERRATA

Page 175, ligne 14, *au lieu de :* des oreilles et des œillères, par-
dessus le marché, *lisez :* des oreilles, et
des œillères par-dessus le marché.

— 177, — 5, *au lieu de :* menage, *lisez :* menage.

Paris. — Typ. de P.-A. Bourdier et Cie, rue des Poitevins, 6.

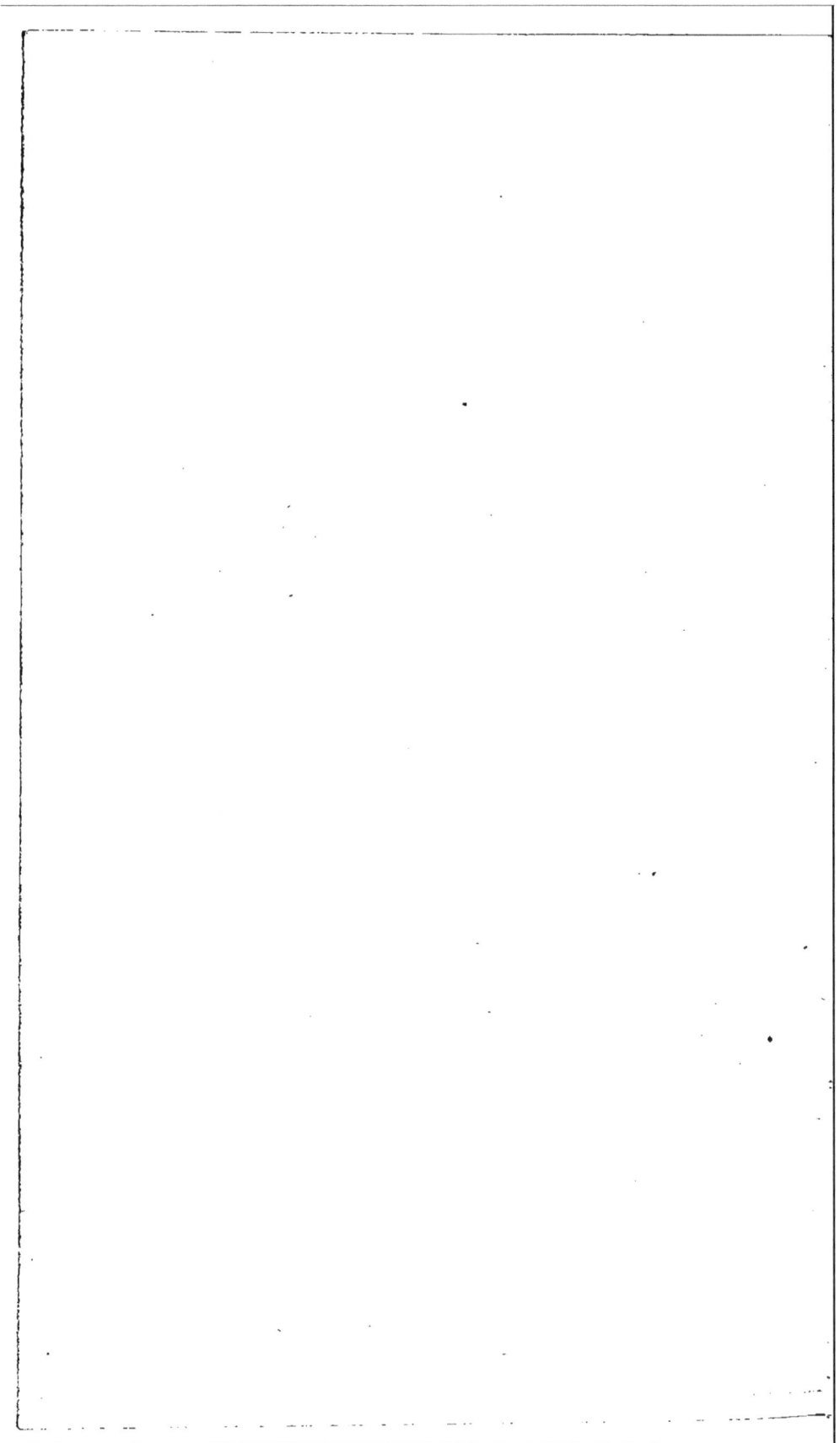

DICTIONNAIRE NATIONAL

OUVRAGE ENTIÈREMENT TERMINÉ

MONUMENT ÉLEVÉ A LA GLOIRE DE LA LANGUE ET DES LETTRES FRANÇAISES

Ce grand Dictionnaire classique de la Langue française contient, pour la première fois, outre les mots mis en circulation par la presse, et qui sont devenus une des propriétés de la parole, les noms de tous les Peuples anciens, modernes; de tous les Souverains de chaque Etat; des Institutions politiques; des Assemblées délibérantes; des Ordres monastiques, militaires; des Sectes religieuses, politiques, philosophiques; des grands Evénements historiques: Guerres, Batailles, Siéges, Journées mémorables, Conspirations, Traités de paix, Conciles; des Titres, Dignités, Fonctions, des Hommes ou Femmes célèbres en tout genre; des Personnages historiques de tous les pays et de tous les temps : Saints, Martyrs, Savants, Artistes, Ecrivains ; des Divinités, Héros et Personnages fabuleux de tous les peuples; des Religions et Cultes divers, Fêtes, Jeux, Cérémonies publiques, Mystères, enfin la Nomenclature de tous les Chefs-lieux, Arrondissements, Cantons, Villes, Fleuves, Rivières, Montagnes de la France et de l'Etranger ; avec les Etymologies grecques, latines, arabes, celtiques, germaniques, etc., etc.

Cet ouvrage classique est rédigé sur un plan entièrement neuf, plus **exact** et plus complet que tous les dictionnaires qui existent, et dans lequel toutes les définitions, toutes les acceptions des mots et les nuances infinies qu'ils ont reçues sont justifiées par plus de quinze cent mille exemples extraits de tous les écrivains moralistes et poëtes, philosophes et historiens, etc., etc. Par M. BESCHERELLE aîné, principal auteur de la *Grammaire nationale*. 2 magnifiques vol. in-4 de plus de 3,000 pages, à 4 col., imprimés en caractères neufs et très-lisibles, sur papier grand raisin, glacé, contenant la matière de plus de 300 volumes in-8. 50 fr.

Demi-reliure chagrin. . . . . 60 fr.

GRAMMAIRE NATIONALE

Ou Grammaire de Voltaire, de Racine, de Bossuet, de Fénelon, de J. J. Rousseau, de Bernardin de Saint-Pierre, de Chateaubriand, de Casimir Delavigne, et de tous les écrivains les plus distingués de la France; par MM. BESCHERELLE FRÈRES et LITAIS DE CAUX. 1 fort vol. grand in-8, 12 fr. net. . . . . 10 fr.

Complément indispensable du DICTIONNAIRE NATIONAL.

DICTIONNAIRE USUEL DE TOUS LES VERBES FRANÇAIS

Tant réguliers qu'irréguliers, entièrement conjugués, par BESCHERELLE frères. 2 vol. in-8 à 2 colonnes. . . . . 12 fr.

Ce livre est indispensable à tous les écrivains et à toutes les personnes qui s'occupent de la langue française, car le verbe est le mot qui, dans le discours, joue le plus grand rôle; il entre dans toutes les propositions, pour être le lien de nos pensées et y répandre la clarté et la vie; aussi les Latins lui avaient donné le nom de *verbum* pour exprimer qu'il est le mot nécessaire, le mot par excellence. La conjugaison des verbes est sans contredit ce qu'il y a de plus difficile dans notre langue, puisqu'on y compte plus de trois cents verbes irréguliers. A l'aide de ce dictionnaire, tous les doutes sont levés, toutes les difficultés vaincues.

LE VÉRITABLE MANUEL DES CONJUGAISONS

Ou Dictionnaire des 8,000 verbes, par BESCHERELLE frères. Troisième édition. 1 vol. in-18. . . . . 3 fr. 75

GRAND DICTIONNAIRE ESPAGNOL-FRANÇAIS ET FRANÇAIS-ESPAGNOL

Avec la prononciation dans les deux langues, plus exact et plus complet que tous ceux qui ont paru jusqu'à ce jour, rédigé d'après les matériaux réunis par D. VICENTE SALVA, et les meilleurs dictionnaires anciens et modernes, par F. DE P. NORIEGA et GUIM. 1 fort vol. grand in-8 jésus d'environ 1,600 pages à 3 colonnes. . . . . 18 fr.

PETIT DICTIONNAIRE NATIONAL

Contenant la définition très-claire et très-exacte de tous les mots de la langue usuelle; l'explication la plus simple des termes scientifiques et techniques; la prononciation figurée dans tous les cas douteux ou difficiles, etc., à l'usage de la jeunesse, des maisons d'éducation qui ont besoin de renseignements prompts et précis sur la langue française; par BESCHERELLE aîné, auteur du *Grand Dictionnaire national*, etc. 1 fort volume in-32 jésus de plus de 600 pages. . . . . 2 fr. 25

NOUVEAU DICTIONNAIRE ANGLAIS-FRANÇAIS ET FRANÇAIS-ANGLAIS

Contenant tout le vocabulaire de la langue usuelle, et donnant la prononciation figurée de tous les mots anglais et celle des mots français dans les cas douteux ou difficiles, par CLIFTON. 1 beau volume grand in-32 ce 1,000 pages environ.. . . . . 4 fr. 50

NOUVEAU DICTIONNAIRE ALLEMAND-FRANÇAIS ET FRANÇAIS-ALLEMAND

Du langage littéraire, scientifique et usuel; contenant à leur ordre alphabétique tous les mots usités et nouveaux de ces deux idiomes; les noms propres de personnes, de pays, de villes, etc.; la solution des difficultés que présentent la prononciation, la grammaire et les idiotismes; et suivi d'un tableau de verbes irréguliers, par K. ROTTECK (de Berlin). 1 fort vol. grand in-32 jésus (édition galvanoplastique). . . . . 4 fr. 50

NOUVEAU DICTIONNAIRE DE POCHE FRANÇAIS-ESPAGNOL ET ESPAGNOL-FRANÇAIS

Avec la prononciation dans les deux langues, rédigé d'après les matériaux réunis, par D. VICENTE SALVA, et les meilleurs dictionnaires parus jusqu'à ce jour, 1 fort vol. gr. in-32, format dit Cazin d'environ 1,100 pag. 5 fr.

GRAND DICTIONNAIRE ITALIEN-FRANÇAIS
ET FRANÇAIS-ITALIEN

Par Barberi, continué et terminé par Basti et Cerati. 2 gros vol. in-4, contenant 2,500 pages, 45 fr.; net. . . . . 25 fr.

LE NOUVEAU MAITRE ITALIEN

Abrégé de la Grammaire des Grammaires italiennes, simplifié et mis à la portée de tous les commençants, divisé par leçons, avec des thèmes gradués pour s'exercer à parler dès les premières leçons et s'habituer aux inversions italiennes, par J. Ph. Barberi, auteur du *Grand Dictionnaire italien-français*. 1 fort vol. in-8, 6 fr.; net. . . . 4 fr.

DICTIONNAIRE USUEL DE GÉOGRAPHIE MODERNE

Contenant : les articles les plus nécessaires de la géographie ancienne, ce qu'il y a de plus important dans la géographie historique du moyen âge, le résumé de la statistique générale des grands États et des villes les plus importantes du globe, par M. D. de Rienzi. Nouvelle édition. 1 fort vol. in-8, à 2 col., orné de 9 cartes col. . . . . . . 8 fr.

DICTIONNAIRE GÉOGRAPHIQUE, STATISTIQUE ET POSTAL
DES COMMUNES DE FRANCE

Dédié au commerce, à l'industrie et à toutes les administrations publiques, par M. A. Peigné, auteur du *Dictionnaire portatif de la langue française* et de plusieurs ouvrages d'instruction; avec la carte des postes. Cet ouvrage, par la multiplicité et l'exactitude des renseignements qu'il fournit, est indispensable à tout commerçant, voyageur, industriel et employé d'administration, dont il est le *vade mecum*. . . . . . 5 fr.

GUIDES POLYGLOTTES, MANUELS DE LA CONVERSATION
ET DU STYLE ÉPISTOLAIRE

A l'usage des voyageurs et de la jeunesse des écoles, par MM. Clifton, Vitali, Corona, Bustamente, Ebeling, Carolino Duarte. Grand in-32, format dit Cazin, papier satiné, élégamment cartonnés. Le vol. . 2 fr.

Jolie reliure toile. . . . . 50 c. le vol. en plus.

Français-Anglais. 1 vol in-32.	**English-Portuguese.** 1 vol. in-32
Français-Italien. 1 vol. in-32.	**Español-Inglés.** 1 vol. in-32.
Français-Allemand. 1 vol. in-32.	**Anglais-Allemand.** 1 vol. in-32.
Français-Espagnol. 1 vol. in-32.	**Español-Italiano.** 1 vol. in-32.
Français-Portugais. 1 vol. in-32.	**Portuguez-Francez.** 1 vol. in-32.
Español-Francés. 1 vol. in-32.	**Portuguez-Inglez.** 1 vol. in-32.
English-French. 1 vol. in-32.	

GUIDE EN SIX LANGUES. — Français-anglais-allemand-italien-espagnol-portugais. 1 fort vol. in-16 de 550 pages. Prix. . . . . 5 fr.

Nous appelons d'une manière toute spéciale l'attention sur nos *Guides polyglottes*. Le soin intelligent et scrupuleux qui en a dirigé l'exécution leur assurer parmi les livres de ce genre, une incontestable supériorité. Le texte original a été fait et préparé, avec beaucoup d'adresse et d'habileté, par un maître de conférence à l'École normale supérieure. Les besoins de la conversation usuelle y sont très-heureusement prévus. Les dialogues, au lieu de se traîner dans l'ornière des banalités ennuyeuses, ont un à-propos, une vivacité, un sel, qui amusent et réveillent le lecteur. L'auteur a eu l'art de joindre l'*agréable* à l'*utile*.

GÉOGRAPHIE UNIVERSELLE

Par MALTE-BRUN, description de toutes les parties du monde sur un nouveau plan, d'après les grandes divisions du globe; précédée de l'Histoire de la Géographie chez les peuples anciens et modernes, et d'une Théorie générale de la Géographie mathématique, physique et politique. Sixième édition, revue, corrigée et augmentée, mise dans un nouvel ordre et enrichie de toutes les nouvelles découvertes, par J. J. N. HUOT. 6 beaux vol. grand in-8, enrichis de 41 gravures sur acier. . . 60 fr.
Avec un superbe atlas entièrement établi à neuf. 1 vol. in-folio, composé de 72 magnifiques cartes coloriées, dont 14 doubles. . . . . . 80 fr.

On se plaignait généralement de la sécheresse de la géographie, lorsque, après quinze années de lectures et d'études, Malte-Brun conçut la pensée de renfermer dans une suite de discours historiques l'ensemble de la géographie ancienne et moderne, de manière à laisser, dans l'esprit d'un lecteur attentif, l'image vivante de la terre entière, avec toutes ses contrées diverses, et avec les lieux mémorables qu'elles renferment et les peuples qui les ont habitées ou qui les habitent encore.

Il s'est dit : « La géographie n'est-elle pas la sœur et l'émule de l'histoire? Si l'une a le pouvoir de ressusciter les générations passées, l'autre ne saurait-elle fixer, dans une image mobile, les tableaux vivants de l'histoire en retraçant à la pensée cet éternel théâtre de nos courtes misères? cette vaste scène, jonchée des débris de tant d'empires, et cette immuable nature, toujours occupée à réparer, par ses bienfaits, les ravages de nos discordes? Et cette description du globe n'est-elle pas intimement liée à l'étude de l'homme, à celle des mœurs et des institutions? n'offre-t-elle pas à toutes les sciences politiques des renseignements précieux? aux diverses branches de l'histoire naturelle, un complément nécessaire? à la littérature elle-même, un vaste trésor de sentiments et d'images? »

DICTIONNAIRE DE LA CONVERSATION ET DE LA LECTURE

52 vol. grand in-8 de 500 pages à 2 col., contenant la matière de plus de 300 vol. . . . . 208 fr.

Œuvre éminemment littéraire et scientifique, produit de l'association de toutes les illustrations de l'époque, sans acception de partis ou d'opinions, le *Dictionnaire de la Conversation* a depuis longtemps sa place marquée dans la bibliothèque de tout homme de goût, qui aime à retrouver formulées en préceptes généraux ses idées déjà arrêtées sur l'histoire, les arts et les sciences.

SUPPLÉMENT AU
DICTIONNAIRE DE LA CONVERSATION ET DE LA LECTURE

Rédigé par tous les écrivains dont les noms figurent dans cet ouvrage, et publié sous la direction du même rédacteur en chef. 16 vol. gr. in-8 de 500 pages, conformes aux 52 vol. publiés de 1832 à 1839. . 80 fr.

Le *Supplément*, aujourd'hui TERMINÉ, se compose de *seize volumes* formant les tomes LIII à LXVIII de cette Encyclopédie si populaire.

Ce *Supplément* a réparé toutes les erreurs, toutes les omissions qui avaient échappé dans le travail si rapide de la rédaction des 52 premiers volumes. Tous les *renvois* que le lecteur cherchait vainement dans l'ouvrage principal se trouvent traités dans le *Supplément*, quelques articles jugés insuffisants ont été refaits.

Qui ne sait l'immense succès du *Dictionnaire de la Conversation?* Plus de 19,000 exemplaires des tomes 1 à LII ont été vendus; mais, aujourd'hui, les seuls exemplaires qui conservent toute *leur valeur primitive* sont ceux qui possèdent le *Supplément*, en d'autres termes, les tomes LIII à LXVIII.

Comme les seize volumes supplémentaires n'ont été tirés qu'à 3,000, ils ne tarderont pas à être épuisés.

Nous nous bornerons à prévenir les possesseurs des tomes I à LII qu'avant peu de temps il nous sera impossible de compléter leurs exemplaires et de leur fournir les tomes LIII à LXVIII; car ils s'épuisent plus rapidement que nous ne l'avions pensé.

Prix des seize vol. du *Supplément* (tomes LIII à LXVIII), 80 fr.; le v. 5 fr.

COURS COMPLET D'AGRICULTURE

Du Nouveau Dictionnaire d'agriculture théorique et pratique, d'économie rurale et de médecine vétérinaire; sur le plan de l'ancien Dictionnaire de l'abbé Rosnier.

Par M. le baron de MOROGUES, ex-pair de France, membre de l'institut, de la Société nat. et cent. d'agriculture;
M. MIRBEL, del'Académie des sciences, professeur de culture au Jardin des Plantes, etc;

Par M. le vicomte HÉRICART DE THURY, président de la Société nationale d'agriculture;
M. PAYEN, de la Société nationale d'agriculture, professeur de chimie industrielle et agricole;
M. MATHIEU DE DOMBASLE, etc.

Ce cours a eu pour base le travail composé par les membres de l'ancienne section d'agriculture de l'Institut : MM. DE SISMONDI, BOSC, THOUIN, CHAPTAL, TESSIER, DESFONTAINES, DE CANDOLLE, FRANÇOIS DE NEUFCHATEAU, PARMENTIER, LA ROCHEFOUCAULD, MOREL DE VINDÉ, HUZARD père et fils, APPERT, VILMORIN, BRONGNIART, LENOIR, NOISETTE, etc., etc. 4e édition, revue et corrigée. Broché en 20 vol. grand in-8, à 2 colonnes, avec environ 4,000 sujets gravés, relatifs à la grande et à la petite culture, à l'économie rurale et domestique, etc. Complet, 112 fr. 50 ; net. . . . . 90 fr.

DICTIONNAIRE D'HIPPIATRIQUE ET D'ÉQUITATION

Ouvrage où se trouvent réunies toutes les connaissances équestres et hippiques, par F CARDINI, lieutenant-colonel en retraite. 2 vol. grand in-8, ornés de 70 figures Deuxième édit., corrigée et considérablement augmentée, 20 fr.; net. . . . . 15 fr.

OUVRAGES RELIGIEUX

ÉLÉVATIONS A DIEU SUR TOUS LES MYSTÈRES DE LA RELIGION CHRÉTIENNE

Par BOSSUET. 1 vol. grand in-8, même format que les *Méditations sur l'Evangile*, orné de 10 magnifiques gravures anglaises sur acier, d'après LE GUIDE, POUSSIN, VANDERWERF, MARATTE, COPLEY, MELVILLE, etc. . 16 fr.

MÉDITATIONS SUR L'ÉVANGILE

Par BOSSUET, revues sur les manuscrits originaux et les éditions les plus correctes, et illustrées de 14 magnifiques gravures sur acier, d'après RAPHAEL, RUBENS, POUSSIN, REMBRANDT, CARRACHE, LÉONARD DE VINCI, etc. 1 vol. grand in-8 jésus. . . . . 18 fr.
Cette superbe réimpression des chefs-d'œuvre de Bossuet, imprimée avec le plus grand soin par Simon Raçon, est destinée à prendre place parmi les plus beaux livres de l'époque.

LES SAINTS ÉVANGILES

Par l'abbé DASSANCE, selon saint Matthieu, saint Marc, saint Luc et saint Jean. 2 splendides vol. grand in-8, illustrés de 12 gravures sur acier, et ornés de vues. Edition CURMER. Brochés, 48 fr.; net. . . . . . 30 fr.

LES ÉVANGILES

Par F. LAMENNAIS, Traduction nouvelle, avec des notes et des réflexions. Deuxième édition, illustrée de 10 gravures sur acier, d'après GIGOLI, LE GUIDE, MURILLO, OVERBECK, RAPHAEL, RUBENS, etc. 1 vol. in-8 cavalier vélin, 10 fr.; net. . . . . 8 fr.

LES VIES DES SAINTS

Pour tous les jours de l'année, nouvellement écrites par une réunion d'ecclésiastiques et d'écrivains catholiques, classées pour chaque jour de l'année par ordre de dates, d'après les martyrologes et GODESCARD; illustrées d'environ 1,800 gravures. L'ouvrage complet forme 4 beaux vol. grand in-8; chaque vol. se compose d'un trimestre et forme un tout complet. 10 fr. le vol. Complet. . . . . 40 fr.

Les *Vies des Saints* avaient déjà obtenu l'approbation des archevêques de Paris, de Cambrai, de Tours, de Bourges, de Reims, de Sens, de Bordeaux, etc., etc.

IMITATION DE JÉSUS-CHRIST

Traduite par l'abbé DASSANCE, avec approbation de Monseigneur l'archevêque de Paris. Edition CURMER, avec encadrements variés, frontispice or et couleur, et 10 gravures sur acier. 1 vol. grand in-8. . . 20 fr.

Reliure chagrin, tranche dorée. . . . . 12 fr. »
— demi-chagrin, tranche dorée, plats toile. 5 50

LES FEMMES DE LA BIBLE

Par M. l'abbé G. DARBOY. Collection de portraits des femmes remarquables de l'Ancien et du Nouveau Testament (gravés par les meilleurs artistes, d'après les dessins de G. STAAL), avec textes explicatifs rappelant les principaux événements du peuple de Dieu, et renfermant des appréciations sur les caractères des Femmes célèbres de ce peuple. 2 vol. grand in-8 jésus. Le vol. 20 fr.

LES SAINTES FEMMES

Par M. l'abbé DARBOY. Collection de portraits, gravés sur acier, des femmes remarquables de l'Église; ouvrage approuvé par Monseigneur l'archevêque de Paris. 1 vol. grand in-8 jésus. . . . . 20 fr.

LE CHRIST, LES APOTRES ET LES PROPHÈTES

Par l'abbé DARBOY. Collection de portraits de l'Ecriture sainte les plus remarquables, gravés par les meilleurs artistes. 1 volume grand in-8 jésus.. . . . . 20 fr.

LA VIERGE

Histoire de la Mère de Dieu et de son culte, par l'abbé ORSINI. Nouvelle édition, illustrée de gravures sur acier et de sujets dans le texte. 2 beaux vol. grand in-8 jésus. . . . . 24 fr.

SAINT VINCENT DE PAUL

Histoire de sa vie, par l'abbé ORSINI. 1 magnifique vol. grand in-8 jésus, illustré de 10 splendides gravures sur acier, tirées sur chine avant la lettre, d'après KARL GIRARDET, LELOIR, MEISSONNIER, STAAL, etc., gravées par nos meilleurs artistes. . . . . 12 fr.

PRIX DE LA RELIURE DES SEPT VOLUMES CI-DESSUS
Reliure toile mosaïque, plaque spéciale, tranche dorée.. . . . . 6 fr.
Reliure demi-chagrin, tranche dorée. . . . . 6 »

LA SAINTE BIBLE

L'Ancien et le Nouveau Testament complets; traduction nouvelle par GENOUDE. 3 vol. grand in-8 à 2 colonnes, illustrés de 8 magnifiques gravures anglaises et de 350 gravures sur bois. . . . . 24 fr.

Demi-rel. chagrin, plats toile, doré sur tranche, 3 vol. rel. en 2. 6 fr. le vol.

HISTOIRE ECCLÉSIASTIQUE

Par l'abbé FLEURY, augmentée de 4 livres (les livres CI, CII, CIII et CIV) publiés pour la première fois d'après un manuscrit appartenant à la Bibliothèque impériale, avec une table générale des matières. Paris, 1856. 6 vol. gr. in-8 jésus, à 2 col. ; au lieu de 60 fr., net.. . 30 fr.

ŒUVRES COMPLÈTES DE CHATEAUBRIAND

Nouvelle édition, précédée d'une étude littéraire sur CHATEAUBRIAND par M. SAINTE-BEUVE, de l'Académie française. 12 vol. in-8, papier cavalier vélin, orné d'un beau portrait de Chateaubriand. Chaque vol.. 5 fr.

Notre édition réunit à la fois les avantages d'un prix modéré, d'une excellente typographie et d'une correction faite d'après les meilleurs textes. Elle sera enrichie d'une étude très-complète sur Chateaubriand par M. Sainte-Beuve, et de notes inédites extrêmement curieuses.

Nous avons eu soin de faire faire des titres particuliers et des couvertures spéciales pour chaque volume formant un tout complet.

EN VENTE

LE GÉNIE DU CHRISTIANISME. 1 vol.

LES MARTYRS. 1 vol.

L'ITINÉRAIRE DE PARIS A JÉRUSALEM. 1 vol.

ATALA, RENÉ, LE DERNIER ABENCERRAGE, LES NATCHEZ, POÉSIES. 1 vol.

VOYAGE EN AMÉRIQUE, EN ITALIE ET EN SUISSE. vol.

Chaque volume, avec 3, 4 ou 5 gravures, se vend séparément..... 6 fr.
Demi-reliure, plats toile, doré sur tranche. . . . . 5 fr.

MAGNIFIQUE COLLECTION DE GRAVURES

Comme ornement et complément de notre édition, nous publions une splendide collection composée d'environ 40 gravures, dessinées par STAAL, etc., exécutées spécialement pour cette édition, et avec le plus grand soin, par MM. F. DELANNOY, A. THIBAULT, OUTHWAITE, MASSARD, etc., d'après les dessins originaux de G. STAAL, RACINET, etc. Rien n'a été négligé pour rendre ces gravures dignes des *Œuvres de Chateaubriand*, 12 livr. composées de chacune 3 ou 4 grav. Chaque livraison. 1 fr.

HISTOIRE DE FRANCE

Par ANQUETIL, avec continuation jusqu'à nos jours par BAUDE, l'un des principaux auteurs du *Million de Faits* et de *Patria*. 8 vol. grand in-8, imprimés à 2 col., illustrés de 120 gravures environ, renfermant la collection complète des portraits des rois, 50 fr.; net. . . . . . 40 fr.

HISTOIRE DE FRANCE D'ANQUETIL

Continuée depuis la Révolution de 1789 par LÉONARD GALLOIS. Edition ornée de 50 gravures en taille-douce. 5 vol. grand in-8 jésus à 2 colonnes, contenant la matière de 40 vol. in-8 ordinaires. 62 fr. 50 ; net. 40 fr.
Demi-reliure, dos chagrin, le vol. . . . . 3 fr. 50

ABRÉGÉ CHRONOLOGIQUE DE L'HISTOIRE DE FRANCE

Par le président HÉNAULT, continué par MICHAUD. 1 vol. grand in-8 illustré de gravures sur acier. . . . . 12 fr.
Demi-reliure, chagrin. . . . . 3 fr. 50
— avec les plats toile, tr. dor.. . . . . . 6 fr. »

HISTOIRE DE LA RÉVOLUTION FRANÇAISE

Par M. Louis Blanc, auteur de l'*Histoire de Dix ans*. Chaque volume se vend séparément. . . . . 5 fr.

Le dixième volume est en vente.

CAMPAGNE DE PIÉMONT ET DE LOMBARDIE

Par Amédée de Cesena. 1 vol. grand in-18 jésus. . . . . 20 fr.

L'histoire de cette campagne est une histoire éminemment populaire, qui doit éveiller un intérêt universel. Les éditeurs n'ont rien négligé pour que cet ouvrage joignit au mérite de l'à-propos tous les avantages d'une exécution sérieuse. et devînt un livre, non pas seulement de circonstance et d'un intérêt éphémère, mais digne de tenir une place honorable dans les bibliothèques. — Au point de vue littéraire et politique, le nom de l'auteur est à la fois une promesse et une garantie. Les incidents de la campagne sont retracés dans ce livre avec une verve et un entrain qui donnent beaucoup de charme au récit. L'ouvrage est orné des portraits de l'Empereur, de l'Impératrice et de Victor-Emmanuel, admirablement gravés sur acier par Delannoy, d'après Winterhalter, de plans et de cartes, de types militaires des trois armées et de planches sur acier représentants les batailles de *Magenta* et de *Solferino* et la *Rentrée des Troupes à Paris*. Le livre renferme aussi la liste complète et nominale des décorés et des médaillés de l'armée d'Italie, et, par cela même, devient pour eux un titre de famille.

GALERIES HISTORIQUES DE VERSAILLES

Ce grand et important ouvrage a été entrepris aux frais de la liste civile du roi Louis-Philippe, et rédigé d'après ses instructions. Il renferme la description de 1,200 tableaux; des notices historiques sur plus de 676 écussons armoriés de la salle des Croisades, et des aperçus biographiques sur presque tous les personnages célèbres depuis les temps les plus reculés de la monarchie française. Cet ouvrage, véritable histoire de France, illustrée par les maîtres les plus célèbres en peinture et en sculpture, et destiné à être donné en cadeau à tous les hommes éminents de notre époque, n'a jamais été mis en vente. 10 vol. in-8 imprimés en caractères neufs sur beau papier, avec un magnifique album in-4 contenant 100 gravures. . . . . 80 fr.

VERSAILLES ANCIEN ET MODERNE

Par le comte Alexandre de la Borde. Paris, Gavard, 1842 1 vol. grand in-8 jésus vélin; au lieu de 30 fr., net. . . . . 12 fr. 50

Ce volume, de 916 pages de texte, est orné de plus de 800 gravures sur acier et sur bois.

SOUVENIRS D'UN AVEUGLE

Voyage autour du monde, par J. Arago, sixième édition, revue, augmentée, enrichie de notes scientifiques, par F. Arago, de l'Institut. 2 vol. grand in-8 raisin, illustrés de 23 planches et portraits à part, et de 110 vignettes dans le texte, 20 fr.; net. . . . . 15 fr.

Reliure toile, tranche dorée, le volume. . . . . 5 fr. 50
Reliure demi-chagrin, plats en toile, tr. dorée, les 2 vol. en un. 4 50

ABRÉGÉ MÉTHODIQUE DE LA SCIENCE DES ARMOIRIES

Suivi d'un glossaire des attributs héraldiques, d'un traité élémentaire des ordres modernes de la chevalerie, et de notions sur l'origine des noms de famille et des classes nobles, les anoblissements, les preuves et les titres de noblesse, les usurpations et la législation nobiliaire, etc., par M. Maigne, 1 vol. grand in-18 jésus, orné d'environ 300 vignettes dans le texte, gravées par M. Dufrénoy. . . . . 6 fr.

DICTIONNAIRE DE LA NOBLESSE ET DU BLASON

Par JOUFFROY D'ESCHAVANNES, héraldiste, historiographe, secrétaire-archiviste de la Société orientale de Paris. 1 vol. grand in-8, ill. de 2 pl. de blason col. et d'un grand nombre de grav. 15 fr.; net. . . 10 fr.

ORDRES DE CHEVALERIE ET MARQUES D'HONNEUR

Histoire, costume et décoration, par M. WAILEN, chevalier de plusieurs ordres. Ouvrage publié sur les documents officiels, avec un supplément renfermant toutes les nouvelles décorations jusqu'à ce jour, et les costumes des principaux ordres. Superbe volume grand in-8, illustré de 110 planches coloriées à l'aquarelle. Au lieu de 75 fr., net. . . 40 fr.

COSTUMES DU MOYEN AGE

D'après les monuments, les peintures et les monuments contemporains, et pris en grande partie parmi les monuments de la célèbre bibliothèque des ducs de Bourgogne; précédés d'une dissertation sur les mœurs, les usages de cette époque. 2 magnifiques volumes illustrés de 150 gravures soigneusement coloriées à l'aquarelle. 90 fr.; net. . . . . 45 fr.

L'ITALIE CONFÉDÉRÉE

Histoire politique, militaire et pittoresque de la campagne de 1859, par AMÉDÉE DE CESENA. 4 vol. grand in-8 jésus, illustrés de gravures sur acier, de types militaires des différents corps des armées française, sarde et autrichienne, dessinés par CH. VERNIER; des plans de Vérone, de Mantoue et de Venise, etc., et d'une carte du nord de l'Italie indiquant les limites actuelles du royaume de Sardaigne et des États de la confédération, dressés par VUILLEMIN. Prix de chaque volume. . . . . 6 fr.

L'histoire de cette campagne est une histoire éminemment populaire, qui doit éveiller un intérêt universel.

Les éditeurs n'ont rien négligé pour que cet ouvrage joignît au mérite de l'actualité la plus palpitante tous les avantages d'une exécution sérieuse, et devînt un livre, non pas seulement de circonstance et d'un intérêt éphémère, mais digne de tenir une place honorable dans les bibliothèques. — Le livre renferme aussi la liste complète et nominale des décorés et des médaillés de l'armée d'Italie, et, par cela même, devient pour eux un titre de famille.

MÉMORIAL DE SAINTE-HÉLÈNE

Par feu le comte de LAS CASES, nouvelle édition revue avec soin, augmentée du *Mémorial de la Belle-Poule*, par M. EMMANUEL DE LAS CASES, 2 vol. grand in-8, avec portraits, vignettes nouvelles, gravés sur acier, par BLANCHARD. Dessins de PAUQUET, FRÈRE ET DAUBIGNY. 24 fr.; net. . 14 fr.

HISTOIRE UNIVERSELLE

Par le comte DE SÉGUR, de l'Académie française; contenant l'histoire des Égyptiens, des Assyriens, des Mèdes, des Perses, des Juifs, de la Grèce, de la Sicile, de Carthage et de tous les peuples de l'antiquité, l'histoire romaine et l'histoire du Bas-Empire. 9e édit., ornée de 50 grav. sur acier, d'après les grands maîtres. 5 vol. grand in-8. . . . 37 fr. 50

On peut acheter séparément chaque volume, qui forme un tout complet : ·

Histoire ancienne, contenant l'histoire des Égyptiens, des Assyriens, des Mèdes, des Perses, des Grecs, des Carthaginois, des Juifs. 1 vol. . . . . . . 12 fr. 50

Histoire romaine, contenant l'histoire de l'empire romain, depuis la fondation de Rome jusqu'à Constantin. 1 vol. . . . . 12 fr. 50

Histoire du Bas-Empire, depuis Constantin jusqu'à la fin du second empire grec. . . . . 12 fr. 50

L'*Histoire universelle* de Ségur est devenue, pour la jeunesse, un livre classique. Le nombre des éditions qui se sont succédé en atteste le mérite et le succès.

HISTOIRE DES DUCS DE BOURGOGNE

Par M. DE BARANTE, membre de l'Académie française. Septième édition, 12 vol. in-8, caractères neufs, imprimés sur papier vélin satiné des Vosges, ornés de 104 grav. et d'un grand nombre de cartes. Prix, le vol. . . . . 5 fr.

La place de cet ouvrage est marquée dans toutes les bibliothèques. Il joint au mérite et à l'exactitude historique une grande vérité de couleur et un grand charme de narration.

HISTOIRE DES RÉPUBLIQUES ITALIENNES DU MOYEN AGE

Par SIMONDE DE SISMONDI. Nouvelle édition, ornée de gravures sur acier. 10 vol. in-8, 50 fr.; net. . . . . 40 fr.

HISTOIRE D'ITALIE

Depuis les premiers temps jusqu'à nos jours, par le docteur HENRI LEO et BOTTA, traduite de l'allemand et enrichie de notes très-curieuses par M. DOCHEZ. 3 vol. grand in-8; au lieu de 45 fr., net. . . . . 15 fr.

HISTOIRE DE PORTUGAL

Par HENRI SCHŒFER, traduite par HENRI SOULANGE-BODIN. 1 vol. grand in-8; au lieu de 15 fr., net. . . . . 5 fr.

HISTOIRE D'ESPAGNE

Depuis les temps les plus reculés jusqu'à nos jours, d'après les meilleurs auteurs, par CH. PAQUIS et DOCHEZ. 2 vol. grand in-8; au lieu de 30 fr., net. . . . . 10 fr.

HISTOIRE DES CAUSES DE LA RÉVOLUTION FRANÇAISE

Par A. GRANIER DE CASSAGNAC. 4 vol. in-8. . . . . 20 fr.

LAMARTINE

Histoire de la Révolution de 1848. Nouvelle édition, complétement revue par l'auteur. 2 volumes in-8, papier cavalier vélin. . . . . 12 fr.

MÊME OUVRAGE. 2 vol. grand in-18 jésus, le vol. . . . . 3 fr 50

RAPHAËL

Pages de la vingtième année, par LAMARTINE. Deuxième édition. 1 vol. in-8 cavalier vélin. 5 fr.

HISTOIRE DE RUSSIE

Par A. DE LAMARTINE. Paris, PERROTIN, 1856. 2 vol. in-8, 10 fr.; net. 5 fr.

M. de Lamartine a voulu compléter son Histoire de l'empire ottoman par une Histoire de la Russie. — Ces deux volumes sont indispensables aux nombreux possesseurs de l'Histoire de la Turquie.

HISTOIRE DE LA PEINTURE EN ITALIE

Depuis la Renaissance des beaux-arts jusque vers la fin du dix-huitième siècle, par LANZI; traduite de l'italien sur la troisième édition, sous les yeux de plusieurs professeurs, par madame A. DIEUDÉ. Paris, DUFART, 1824. 5 vol. in-8; au lieu de 35 fr., net. . . . . 18 fr.

Cette traduction est la seule complète qui ait été publiée de l'ouvrage de Lanzi. Cet ouvrage est indispensable aux artistes et à tous ceux qui ont le goût des beaux-arts.

VOYAGE DANS L'INDE

Par le prince A. Soltykoff; illustré de lithographies à deux teintes, par Derudder, etc., d'après les dessins de l'auteur.. 1 vol. gr. in-8 jés.   20 fr.

Reliure t. mosaïque, riche plaque spéciale, genre indien, tr. dor., le vol. 6 fr.

VOYAGE EN PERSE

Par le même; illustré, d'après les dessins de l'auteur, de magnifiques lithographies par Traver, etc. 1 vol. gr. in-8 jésus. . . . . . 10 fr.

Reliure toile mosaïque, riche plaque spéciale, genre indien, tr. dorée, 6 fr.

ŒUVRES COMPLÈTES DE BUFFON

Avec la nomenclature linnéenne et la classification de Cuvier. Édition nouvelle, revue sur l'édition in-4 de l'Imprimerie impériale, annotée par M. Flourens, membre de l'Académie française, etc., etc., etc. Les *Œuvres complètes de Buffon* forment 12 v. grand in-8 jésus, illustrés de 162 planches, 800 sujets coloriés, gravés sur acier, d'après les dessins originaux de M. Victor Adam. Imprimés en caractères neufs, sur papier pâte vélin, par la typographie J. Claye. . . . . . . 120 fr.

M. le ministre de l'instruction publique a souscrit, pour les bibliothèques, à cette magnifique publication (aujourd'hui complétement achevée), reconnue par les hommes les plus compétents comme une édition modèle des œuvres du grand naturaliste. Le nom et le travail de M. Flourens la recommandent d'une façon toute particulière, et lui donnent un cachet spécial.

Pour satisfaire a de nombreuses demandes nous avons ouvert une souscription par demi-volumes du prix de 5 fr.

Les souscripteurs peuvent retirer, dès à présent, les 24 demi-volumes.

LEÇONS ÉLÉMENTAIRES D'HISTOIRE NATURELLE

Traité de conchyliologie, précédé d'un aperçu sur toute la zoologie, à l'usage des étudiants et des gens du monde, par M. Chenu, conservateur du Musée d'histoire naturelle de M. Delessert. 1 vol. in-8, orné de 1,000 vignettes sur cuivre et sur bois, dans le texte, et d'un atlas de 12 planches en taille-douce coloriées. Prix, broché, 15 fr.; net. . . . . . . 8 fr.
Atlas en planches noires, broché, 12 fr.; net. . . . . 5 fr.

LE MUSÉUM D'HISTOIRE NATURELLE

Histoire de la fondation et des développements successifs de l'établissement, biographie des hommes célèbres qui y ont contribué par leur enseignement ou par leurs découvertes; description des galeries, du jardin, des serres et de la ménagerie, par Paul-Antoine Cap. Paris, Curmer. 1 magnifique volume très-grand in-8 jésus sur papier superfin 15 magnifiques planches coloriées à l'aquarelle, 20 grandes planches gravées sur acier, une grande quantité de bois gravés, illustrations par Ad. Féart, Freemann, Pauquet, etc. Au lieu de 21 fr., net. . . . 16 fr.

HISTOIRE NATURELLE DES MAMMIFÈRES

Classés méthodiquement, avec l'indication de leurs mœurs et de leurs rapports avec les Arts, le Commerce et l'Agriculture, par Paul Gervais; illustrations par MM. Werner, Freemann, Oudart, Delahaye, de Bar et autres éminents artistes; gravures par MM Annedouche, Quartley, Gusman Brunier, Hildebrand, Gauchard, Sargent et l'élite des graveurs français et étrangers. Paris, Curmer, 1855. 2 magnifiques vol. très-grand in-8 jésus; au lieu de 25 fr., le vol. net. . . . . 16 fr.

Ces volumes contiennent 58 planches gravées sur acier et coloriées, entièrement inédites, et environ 110 gravures sur bois séparées du texte, imprimées à deux teintes; un nombre considérable de gravures sur bois, inédites.

L'AFRIQUE FRANÇAISE, L'EMPIRE DU MAROC ET LES DÉSERTS DU SAHARA

Édition illustrée d'un grand nombre de gravures sur acier, noires et coloriées, par CHRISTIAN. 1 volume grand in-8 jésus. . . . . . . 15 fr.

CASIMIR DELAVIGNE

ŒUVRES COMPLÈTES, comprenant le THÉATRE, les MESSÉNIENNES et les CHANTS SUR L'ITALIE. Nouvelle édition, illustrée de 12 belles vignettes gravées sur acier d'après A. JOHANNOT. 1 beau vol. gr. in-8 jésus. 1855. . 12 fr. 50

ŒUVRES DE P. ET TH. CORNEILLE

Précédées de la vie de P. Corneille, par FONTENELLE, et des discours sur la poésie dramatique. Nouvelle édition ornée de gravures sur acier. Un beau volume grand in-8. . . . . 12 fr. 50

ŒUVRES DE J. RACINE

Avec un essai sur la vie et les ouvrages de J. Racine, par LOUIS RACINE; ornées de 13 vignettes, d'après GÉRARD, GIRODET, DESENNE, etc. 1 beau vol. grand in-8 jésus. . . . . 12 fr. 50

ŒUVRES COMPLÈTES DE BOILEAU

Avec une notice et notes de tous les commentateurs, illustrées de 7 gravures sur acier, nouvelle édition. 1 vol. grand in-8. . . . 12 fr. 50

MOLIÈRE

Œuvres complètes, précédées d'une notice sur la vie et les ouvrages de Molière, par SAINTE-BEUVE, illustrées de 800 dessins, par TONY JOHANNOT. Nouvelle édition. 1 vol. gr. in-8, jésus, imprimé par PLON frères. 20 fr.

Reliure demi-chagrin, pour chacun des cinq ouvrages, le vol.. . . . 3 fr. 50
Même reliure, plats en toile, tranche dorée. . . . . 6 fr. »

COURS ÉLÉMENTAIRE D'HISTOIRE NATURELLE

À l'usage des Lycées et des maisons d'éducation, rédigé conformément au programme de l'Université. Le cours comprend :

Zoologie, par M. MILNE-EDWARDS, membre de l'Institut, professeur au Jardin des Plantes.
Botanique, par M. A. DE JUSSIEU, de l'Institut, professeur au Jardin des Plantes.
Minéralogie et Géologie, par M. F. S. BEUDANT, de l'Institut, inspecteur général des études. 3 forts vol. in-12 ornés de plus de 2,000 figures intercalées dans le texte.

Chaque volume se vend séparément. Broché. . . . . 6 fr.
Cartonné à l'anglaise. . . . . 7 fr.
La GÉOLOGIE seule. Brochée.. . . . . 4 fr.
Ouvrage adopté par l'Université et approuvé par Mgr l'archevêque de Paris.

NOTIONS PRÉLIMINAIRES D'HISTOIRE NATURELLE

Pour servir d'introduction au *Cours élémentaire d'histoire naturelle*, rédigées conformément au programme officiel de l'enseignement dans les lycées (section des sciences). 3 vol. in-18 jésus, illustrés d'un grand nombre de figures intercalées dans le texte.

Zoologie, par M. MILNE EDWARDS.. . . . . 3 fr. »
Botanique, par M. PAYER, professeur à la Faculté des sciences de Paris (*sous presse*).
Géologie, par M. E. B. DE CHANCOURTOIS . . . . 1 fr.

COURS ÉLÉMENTAIRE DE CHIMIE

Par M. V. Regnault, de l'Institut, directeur de la Manufacture impériale de Sèvres, professeur au Collége de France et à l'Ecole polytechnique, 4 vol. in-18 jésus, ornés de 700 figures dans le texte. 5ᵐᵉ édit.   20 fr.

PREMIERS ÉLÉMENTS DE CHIMIE

A l'usage des facultés, des établissements d'enseignement secondaire, des écoles normales et des écoles industrielles; par M. V. Regnault. In-18 jésus, illustré d'un grand nombre de figures dans le texte. . .   5 fr.

COURS ELÉMENTAIRE DE MÉCANIQUE

Théorique et appliquée, à l'usage des lycées, des écoles normales, des facultés, etc.; par M. Delaunay, de l'Institut, ingénieur des Mines, professeur à la Faculté des sciences de Paris et à l'Ecole polytechnique, etc. 1 vol. in-18 jésus illustré de 540 figures dans le texte. 4ᵐᵉ édition.   8 fr.

COURS ELÉMENTAIRE D'ASTRONOMIE

Concordant avec les articles du programme officiel pour l'enseignement de la cosmographie dans les lycées; par *le même*. 1 volume in-18 jésus, illustré de planches en taille-douce et d'un grand nombre de figures intercalées dans le texte, deuxième édition. . . . . 7 fr. 50

ELEMENTS DE BOTANIQUE

Première Partie : Organographie, par M. Payer, de l'Institut, professeur de botanique à la Faculté des sciences et à l'Ecole normale supérieure. 1 volume grand in-18, avec 668 fig. intercalées dans le texte. .   fr.

SOUS PRESSE :

2ᵉ Partie **Anatomie, physiologie, organogénie, pathologie et tératologie végétales**

3ᵉ Partie : **Les principaux groupes du règne végétal**, considérés au point de vue de leur classification naturelle (*Phytographie*); de leur application à la médecine et à l'industrie (*Botanique apliquée*), et de leur distribution à la surface du sol (*Géographie botanique*).

COURS ELEMENTAIRE D'AGRICULTURE

Destiné aux élèves des écoles d'agriculture et des écoles normales primaires, aux propriétaires, cultivateurs; par MM. Girardin, correspondant de l'Institut, professeur, et Dubreuil, professeur d'agriculture et de sylviculture, chargé du cours d'arboriculture au Conservatoire impérial des arts et métiers. 2 forts volumes in-18 jésus, illustrés de 842 figures dans le texte 2ᵉ édition. . . . .   15 fr.

COURS ÉLÉMENTAIRE THÉORIQUE ET PRATIQUE D'ARBORICULTURE.

Comprenant l'étude des pépinières d'arbres et d'arbrisseaux forestiers fruitiers et d'ornement; celle des plantations d'alignement forestières et d'ornement; la culture spéciale des arbres à fruits à cidre, et de ceux à fruits de table. Précédé de quelques notions d'anatomie et de physiologie végétales; par M. A. Dubreuil, professeur d'agriculture et de sylviculture. 4ᵉ édition, considérablement augmentée. 1 très-fort vol. in-18 jésus, illustré de 841 figures dans le texte et de 5 planches gravées sur acier. Publié en deux parties. . . . . 12 fr.

Ouvrage approuvé par l'Université et couronné par les sociétés d'horticulture de Paris, de Rouen et de Versailles.

INSTRUCTION ÉLÉMENTAIRE POUR LA CONDUITE DES ARBRES FRUITIERS

Greffe, — Taille, — Restauration des arbres mal taillés ou épuisés par la vieillesse, — Culture, récoltes et conservation des fruits ; par *le même*. Ouvrage destiné aux jardiniers, aux élèves des fermes écoles et des écoles normales primaires. 1 volume in-18 jésus, illustré de figures dans le texte. Deuxième édition. . . . . 2 fr. 50

OUVRAGES EN VOIE D'EXÉCUTION :

COURS ÉLÉMENTAIRE DE PHYSIQUE

Par M. V. REGNAULT, de l'Institut, directeur de la manufacture impériale de Sèvres, professeur au Collége de France et à l'Ecole polytechnique. 2 volumes in-18 jésus, illustrés de figures dans le texte.

PREMIERS ÉLÉMENTS DE PHYSIQUE

Rédigés sur le nouveau programme ; par *le même*. 1 volume grand in-18, avec figures dans le texte.

EXPOSITION ET HISTOIRE DES PRINCIPALES DÉCOUVERTES SCIENTIFIQUES MODERNES

Par M. LOUIS FIGUIER, docteur ès sciences. Cinquième édition. 4 volumes in-18 jésus. Brochés. . . . . 14 fr.

CES QUATRE VOLUMES CONTIENNENT :

LE PREMIER : Machine à vapeur. — Bateaux à vapeur. — Chemins de fer.
LE DEUXIÈME : Machine électrique. — Bouteille de Leyde. — Paratonnerre. — Pile de Volta.
LE TROISIÈME : Photographie. — Télégraphie aérienne et électrique. — Galvanoplastie et dorure chimique. — Poudres de guerre et poudre-coton.
LE QUATRIÈME : Aérostats. — Eclairage au gaz. — Ethérisation. — Planète Leverrier.

APPLICATIONS NOUVELLES DE LA SCIENCE

A l'industrie et aux arts en 1855, par *le même*. In-18. . . . . . 3 fr.

TRAITÉ DE MÉCANIQUE RATIONNELLE

Contenant les éléments de mécanique exigés pour l'admission à l'Ecole polytechnique et toute la partie théorique du cours de mécanique et machines de cette école ; par M. CH. DELAUNAY, de l'Institut, professeur à l'Ecole polytechnique et à la Faculté des sciences de Paris, deuxième édition. 1 vol. in-8. . . . . 8 fr.

LEÇONS ÉLÉMENTAIRES DE BOTANIQUE

Fondées sur l'analyse de 50 plantes vulgaires et formant un traité complet d'organographie et de physiologie végétales, à l'usage des étudiants et des gens du monde ; par M. EMM. LEMAOUT. Deuxième édition, 1 volume grand in-8 raisin, illustré d'un atlas de 50 planches et de 700 figures dans le texte. Avec atlas noir. . . . . 10 fr.
— Colorié. . . . . 16 fr.

ATLAS ÉLÉMENTAIRE DE BOTANIQUE

Avec le texte en regard, comprenant l'organographie, l'anatomie et l'iconographie des familles d'Europe, à l'usage des étudiants et des gens du monde ; par M. LEMAOUT. 1 volume in-4, contenant 2,340 figures dessinées par MM. STEINHEIL et J. DECAISNE. Br. . . . . 15 fr.

DES FUMIERS CONSIDERÉS COMME ENGRAIS

Par M. J. P. L. GIRARDIN, professeur de chimie à l'Ecole municipale de
Rouen et à l'Ecole d'agriculture et d'économie rurale de la Seine–Inférieure, correspondant de l'Institut de France, de la Société centrale
d'agriculture de Paris, etc. Cinquième édition, revue, corrigée et augmentée ; avec 14 figures dans le texte.. . . . . 1 fr. 25

> Ouvrage adopté par le Conseil général de la Seine-Inférieure, par la Société
> centrale d'agriculture de Rouen, par l'Association normale, et couronné par la
> Société d'agriculture du Cher.

MANUEL DE GÉOLOGIE ÉLÉMENTAIRE

Ou changements anciens de la terre et de ses habitants, tels qu'ils sont
démontrés par les monuments géologiques, par sir CH. LYELL, membre
de la Société royale de Londres. Traduit de l'anglais par M. HUGARD, aide
de minéralogie au Muséum d'histoire naturelle. 2 forts volumes in-8,
illustrés de 720 figures. . . . . 20 fr.

—— Supplément au manuel de géologie.. . . . . 1 fr. 25

PRINCIPES DE GÉOLOGIE

Ou illustrations de cette science empruntées aux changements modernes
que la terre et ses habitants ont subis ; par CH. LYELL, esq., ouvrage traduit de l'anglais sur la sixième édition, et sous les auspices de M. Arago,
par madame TULLIA MEULIEN, traducteur des ELÉMENTS DE GÉOLOGIE, du
même auteur. 4 forts vol. in-12, ornés de cartes coloriées, de vignettes
sur acier et de grav. sur bois, cartonnés en toile anglaise. . . 30 fr.

GÉOLOGIE APPLIQUEE

Ou Traité du gisement et de l'exploitation de minéraux utiles, par M. A.
BURAT, ingénieur, professeur de géologie et d'exploitation des mines à
l'Ecole centrale des Arts et Manufactures. Quatrième édition, divisée en
deux parties : — Géologie ; — Exploitation. 2 forts vol. in-8, illustrés.. . . . . 20 fr.

DE LA HOUILLE

Traité théorique et pratique des combustibles minéraux ; par M. A. BURAT.
1 fort vol. in-8, orné de planches gravées sur acier et de nombreuses
vignettes intercalées dans le texte. . . . . 12 fr.

> L'étude des combustibles minéraux, et surtout du terrain houiller dans lequel
> ces combustibles sont presque tous concentrés, est une des branches les plus
> importantes de la géologie. Le terrain houiller forme un lien entre la science et
> l'industrie ; car, si la découverte d'une mine est une conquête industrielle, elle ne
> fait pas moins d'honneur à la science, puisqu'on ne peut entreprendre aucune
> recherche utile sans prendre pour guide les travaux géologiques.

TRAITÉ D'HYDRAULIQUE

A l'usage des Ingénieurs, par le même. Deuxième édition, considérablement augmentée. In-8, avec planches gravées.. . . . . . . 10 fr.

TRAITÉ ÉLÉMENTAIRE DES CHEMINS DE FER

Par M. A. PERDONNET, ancien élève de l'Ecole polytechnique, professeur à
l'Ecole centrale des Arts et Manufactures, membre du comité de direction du chemin de fer de l'Est. 2ᵉ édition. 2 très-forts vol. in-8 de 700
à 800 pages, illustrés de portraits et vues pittoresques gravés sur acier,
de cartes géographiques, et d'un très-grand nombre de figures intercalées dans le texte. Broché. . . . . 30 fr.

BIOGRAPHIE UNIVERSELLE

Biographie portative universelle, contenant 29,000 noms, suivie d'une tabel chronologique et alphabétique, où se trouvent répartis en cinquante-quatre classes différentes les noms mentionnés dans l'ouvrage, par L. Lalanne, L. Renier, Th. Bernard, Ch. Laumier, E. Janin, A. Delloye, etc. 1 vol. de 1,000 pages, contenant la matière de 12 vol., 12 fr.; net.   9 fr·

UN MILLION DE FAITS

Aide-mémoire universel des sciences, des arts et des lettres, par MM. J. Aycard, Desportes, Léon Lalanne, Ludovic Lalanne, Gervais, A. le Pileur, Ch. Martins, Ch. Vergé et Jung.

MATIÈRES TRAITÉES DANS LE VOLUME :

Arithmétique. — Algèbre. — Géographie élémentaire, analytique et descriptive — Calcul infinitésimal. — Calcul des probabilités. — Mécanique. — Astronomie — Tables numériques et moyens divers pour abréger les calculs. — Physique générale. — Météorologie et physique du globe. — Chimie. — Minéralogie et géologie. — Botanique. — Anatomie et physiologie de l'homme. — Hygiène. Zoologie. — Arithmétique sociale. — Technologie (arts et métiers). — Agriculture. — Commerce. — Législation. — Art militaire. — Statistique. — Philosophie. — Philologie. — Paléographie. — Littérature. — Beaux-Arts. — Histoire. — Géographie. — Ethnologie. — Chronologie. — Biographie. — Mythologie. — Education.

Un fort vol. petit in-8, de 1,720 col., orné de grav., 12 fr.; net. . .   9   fr.

PATRIA

La France ancienne et moderne, morale et matérielle, ou collection encyclopédique et statistique de tous les faits relatifs à l'histoire physique et intellectuelle de la France et de ses colonies. 2 forts vol. petit in-8, de 3,200 col. de texte, y compris plus de 500 col. pour une table analytique des matières, une table des figures, un état des tableaux numériques, et un index alphabétbique; ornés de 330 grav., de cartes et de planches col., et contenant la matière de 16 forts vol. in-8., 18 fr.; net. .   9 fr.

NOMS DES PRINCIPAUX AUTEURS :

MM. J. Aycard, prof. de physique à l'Ecole polytechnique; A. Delloye, élève de l'Ecole des Chartes; Denne-aron; Desportes; Paul Gervais, docteur ès sciences : Jung; Léon Lalanne, ingénieur des ponts et chaussées; Ludovic Lalanne, le Chatelier, ing. des mines; A. le Pileur; Ch. Louandre; Ch. Martins, docteur ès sciences, prof. à la Faculté de médecine de Paris; Victor Raulin, prof.; P. Régnier, de la Comédie-Française; Léon Vaudoye, architecte du gouvernement; Ch. Vergé, avocat à la cour impériale de Paris.

DIVISION PRINCIPALE DE L'OUVRAGE :

Géographie physique et mathématique, physique du sol, météorologie, géologie, géographie botanique, zoologie, agriculture, industrie minérale, travaux publics, finances, commerce et industrie, administration intérieure, état maritime, législation, instruction publique, géographie médicale, population, ethnologie, géographie politique, paléographie et numismatique, chronologie et histoire, histoire des religions, langues anciennes et modernes, histoire littéraire, histoire de l'agriculture, histoire de la sculpture et des arts plastiques, histoire de la peinture et des arts du dessin; histoire de l'art musical; histoire du théâtre, colonies, etc.

Ces trois ouvrages réunis forment une véritable Encyclopédie portative. Le savoir est aujourd'hui tellement répandu, qu'il n'est plus permis de rien ignorer; mais, la mémoire la plus exercée ne pouvant que bien rarement retenir tous les détails de la science, ces ouvrages sont pour elle d'un secours précieux, et sont surtout devenus indispensables à tous ceux qui cultivent les sciences ou qui se livrent à l'instruction de la jeunesse.

PRIX DE LA RELIURE DE CES TROIS OUVRAGES :

Cartonnage à l'anglaise, en sus par vol.	1 fr.
Demi-rel., maroquin soigné, en sus par vol.	2 fr.

ENCYCLOPÉDIE THÉORIQUE ET PRATIQUE DES CONNAISSANCES UTILES

Composée de traités sur les connaissances les plus indispensables; ouvrage entièrement neuf, avec environ 1,500 gravures intercalées dans le texte, par MM. ALCAN, ALBERT-AUBERT, L. BAUDE, BELLANGER, BERTHELET, AM. BURAT, CHENU, DEBOUTTEVILLE, DELAFOND, DEYEUX, DUBREUIL, FABRE D'OLIVET, FOUCAULT, H. FOURNIER, GÉNIN, GIGUET, GIRARDIN, LÉON LALANNE, LUDOVIC LALANNE, ELIZÉ LEFÈVRE, HENRI MARTIN, MARTINS, MATHIEU, MOLL, MOREAU DE JONNÈS, PÉCLET, PERSOZ, LOUIS REYBAUD, TRÉBUCHET, L. DE WAILLY, WO- LOWSKI, etc. 2 volumes grand in-8. . . . . 25 fr.
Reliure demi-chagrin, le volume. . . . . 3 fr.

ENSEIGNEMENT ÉLÉMENTAIRE UNIVERSEL

Ou Encyclopédie de la jeunesse. Ouvrage également utile aux jeunes gens, aux mères de famille, aux personnes qui s'occupent d'éducation et aux gens du monde; par MM. ANDRIEUX DE BRIOUDE, docteur en mé- decine, et LOUIS BAUDE, professeur au collége Stanislas. 1 seul vol. grand in-8, contenant la matière de 6 vol., enrichi de 400 gravures servant d'explication au texte. Broché, 10 fr.; net. . . . . 6 fr.

L'ILLUSTRATION

34 vol. (1842-1859), ornés de plus de 6,900 gravures sur tous les sujets actuels. Evénements politiques, fêtes et cérémonies religieuses, portraits des personnages célèbres, inventions industrielles, vues pittoresques, cartes géographiques, compositions musicales, tableaux de mœurs, scènes de théâtre, monuments, costumes, décors, tableaux, statues, modes, caricatures, etc., etc. Le vol. broché . . . . 18 fr.

SÉRIE DE LA GUERRE DE CRIMÉE

Des Indes, de la Chine, de la Cochinchine et de l'Italie Six années. 12 vo- lumes (tomes XXIII à XXXIV). Le vol. . . . . 16 fr.
Nos traités nous permettent d'offrir ces douze volumes à des conditions extrê- mement favorables.
Ces douze volumes forment à eux seuls l'ensemble le plus complet de l'histoire des six dernières années. Nulle part on ne trouve un récit plus détaillé, une représentation plus complète et plus variée des faits de guerre accomplis en Crimée. Les événements de l'Inde, de la Chine et de l'Italie, etc., ont eu jus- qu'aujourd'hui leur place dans ces derniers volumes.
Les éditeurs ont pris leurs mesures de telle sorte, que les tomes XXIII à XXXIV peuvent être fournis dès à présent.
Reliure en percaline, fers, et tranches dorées. . . . . . . 6 fr. par vol.
Comme il nous reste très-peu d'exemplaires complets de la collection de l'Illus- ration et que parmi les volumes dépareillés plusieurs sont épuisés, nous prions MM. les libraires de ne pas vendre de volumes sans s'être assurés s'ils pourront les remplacer.

TABLEAU DE PARIS

Par EDMOND TEXIER; ouvrage illustré de 1,500 gravures, d'après les dessins de BLANCHARD, CHAM, CHAMPIN, FOREST, FRANÇAIS, GAVARNI, etc., etc. 2 vol. in-fol. du format de l'Illustration. . . . . 30 fr.
Reliure riche, dor. sur tranche, mosaïque, avec les armes de la ville de Paris. Le volume. . . . . 5 fr.

TABLEAU HISTORIQUE, POLITIQUE ET PITTORESQUE DE LA TURQUIE ET DE LA RUSSIE

Par MM. JOUBERT et FÉLIX MORNAND. 1 vol. in-folio (format de l'*Illustration*), orné d'une carte et d'un gr. nombre de vignettes, 7 fr. 50 ; net. 6 fr.
Reliure percaline anglaise, dor. sur tranche . . . . 4 fr.

VOYAGE ILLUSTRE DANS LES CINQ PARTIES DU MONDE

De 1846 à 1849, par ADOLPHE JOANNE. 1 vol. in-folio (format de l'*Illustration*), illustré d'environ 700 gravures. . . . . 15 fr.
Relié toile, tranche dorée. . . . . 20 fr.

GALERIE DE PORTRAITS POUR LES MÉMOIRES DU DUC DE SAINT-SIMON

S'adaptant à toutes les éditions. La Galerie de portraits de Saint-Simon se compose de 38 portraits représentant les personnages les plus célèbres du temps et gravés avec une exactitude remarquable, d'après les tableaux originaux du Musée de Versailles. La collection forme 10 livraisons. Prix de la livraison. . . . . 1 fr.

GALERIE DE PORTRAITS

Pour les Mémoires de TALLEMANT DES RÉAUX. La galerie se compose de 10 portraits représentant les personnages les plus célèbres du temps et gravés avec une exactitude remarquable, d'après les tableaux originaux du Musée de Versailles. La collection forme 3 livraisons. Prix de la livraison. . . . . 1 fr.

GALERIE DE FEMMES CÉLÈBRES

Tirée des Causeries du lundi, par M. SAINTE-BEUVE, de l'Académie française 1 beau vol. gr. in-8 jésus, orné de 12 magnifiques portraits dessinés par STAAL et gravés sur acier par MASSARD, THIBAULT, GOUTTIÈRE, GEOFFROY, GERVAIS, OUTHWAITE, etc. . . . . 20 fr.
Un texte délicieux, chef-d'œuvre de grâce et de délicatesse, une typographie magnifique, rehaussée par toutes les splendeurs du dessin et de la gravure, se réunissent pour assigner à ce volume une place d'honneur et de prédilection dans la bibliothèque des dames et des demoiselles, et dans celle de tous les hommes de goût, de tous les amateurs de beaux livres.

LES ÉTOILES DU MONDE

Galerie historique des femmes les plus célèbres de tous les temps et de tous les pays, avec dix-sept magnifiques gravures anglaises et un frontispice, d'après les dessins de STAAL. Le texte, par MM. ALEXANDRE DUMAS DUFAIL, D'ARAQUY, DE GENRUPT, MISS CLARKE, etc., etc., offre une lecture des plus intéressantes et des plus variées. Ce livre, destiné à un succès de vogue, est un des plus beaux cadeaux qui puissent être offerts. 1 superbe vol. grand in-8 jésus. . . . . 20 fr,
Reliure des 2 vol. ci-dessus, toile mosaïque, fers spéciaux. . . . . 6 fr.
Demi-reliure, plats toile dorée. . . . . 6 fr.

GALERIE DES FEMMES DE WALTER SCOTT

Illustrée de 28 portraits gravés sur acier par les plus célèbres graveurs anglais ; le texte par MM. DUMAS, EMILE SOUVESTRE, FRÉDÉRIC SOULIÉ, J. JANIN, LOUIS REYBAUD, MICHEL MASSON ; mesdames A. TASTU, DESBORDES-VALMORE, ELISA VOÏART. 1 vol. grand in-8. . . . . 10 fr.
Reliure toile mosaïque, t. d. . . . . 5 fr.

PARIS. — IMP. SIMON RAÇON ET COMP., RUE D'ERFURTH, 1.

CORINNE

Par madame la baronne DE STAEL. Nouvelle édition, richement illustrée de 250 bois dans le texte et de 8 grandes gravures sur bois par KARL GIRARDET, BARRIAS, STAAL, tirées à part. Paris, LECOU, 1853. 1 magnifique vol. grand in-8 jésus vélin, glacé, satiné, imprimé par PLON frères; au lieu de 15 fr., net.. . . . . 10 fr.

Demi-chagrin, plats en toile, tr. dor. . . . . 5 fr,

LES MILLE ET UNE NUITS

Contes arabes traduits par GALLAND, édition illustrée par les meilleurs artistes français et étrangers, revue et corrigée sur l'édition princeps de 1704; augmentée d'une Dissertation sur les Mille et une Nuits, par M. le baron SILVESTRE DE SACY. Paris, BOURDIN. 3 beaux vol. grand in-8 jésus vélin, illustrés de 1,200 dessins; au lieu de 30 fr., net. 20 fr.

Les exemplaires sont intacts, sans aucune piqûre.

LES MILLE ET UN JOURS

Contes persans, turcs et chinois, traduits par PÉTIS DE LA CROIX, CARDANNE, CAYLUS, etc. 1 magnifique vol. grand in-8 jésus vélin. Edition illustrée de 400 dessins par nos premiers artistes; au lieu de 15 fr., net. 10 fr.

LA MOSAIQUE

Nouveau Magasin pittoresque universel. Livre de tout le monde et de tous les pays. 3 beaux vol. grand in-8 jésus, imprimés à 2 colonnes et illustrés de 500 dessins; au lieu de 30 fr., net. . . . . 15 fr.

CHANTS ET CHANSONS POPULAIRES DE LA FRANCE

996 chansons et chansonnettes, chants guerriers et patriotiques, chansons bachiques, burlesques et satiriques. Nouvelle édition, illustrée de 536 belles gravures sur acier, d'après MM. E. DE BEAUMONT, DAUBIGNY, DUBOULOZ, E. GIRAUD, MEISSONNIER, PASCAL, STAAL, STEINHEIL et TRIMOLET, gravées par les meilleurs artistes. 2 beaux vol. grand in-8, avec riches couvertures et frontispice gravés, contenant 996 chansons. — Le premier volume est composé de chansons, romances et complaintes, rondes et chansonnettes; le deuxième volume de chants guerriers et patriotiques, chansons bachiques, burlesques et satiriques. Prix de chaque volume. . . . . 11 fr.

Demi-reliure, plats toile, tranche dorée (2 vol. en un). . . . . . 6 fr.

ŒUVRES CHOISIES DE GAVARNI

Revues, corrigées et nouvellement classées par l'auteur, publiées dans le format du *Diable à Paris*, et accompagnées de notices par MM. DE BALZAC, THÉOPHILE GAUTHIER, GÉRARD DE NERVAL, JULES JANIN, ALPHONSE KARR, etc. 2 vol. grand in-8, renfermant chacun 80 grandes vignettes, à. . 10 fr.

Le Carnaval à Paris. — Paris le matin. — Les Etudiants. 1 vol.
La Vie de jeune homme. — Les Débardeurs. 1 vol.

Reliure en toile, tranche dorée. le vol. . . . . 5 fr.

LES CONTES DROLATIQUES

Colligez es abbayes de Touraine et mis en lumière par le sieur DE BALZAC pour l'esbattement des pantagruelistes et non aultres. Cinquième édition, illustrée de 425 dessins par GUSTAVE DORÉ. 1 magnifique vol. in-8, papier vélin, glacé, satiné; au lieu de 12 fr., net. . . . . 10 fr.

LE DIABLE BOITEUX

Par LESAGE, illustré par TONY JOHANNOT, précédé d'une notice sur Lesage par JULES JANIN. Paris, BOURDIN, 1845. 1 vol. grand in-8 jésus, couverture glacée, or et couleur; au lieu de 10 fr., net.. . . . . 6 fr.

LA CHINE OUVERTE

Texte par OLD-NICK, illustrations par BORGET. 1 vol. grand in-8, 250 sujets, dont 50 tirés à part, 15 fr.; net. . . . . 10 fr.
Reliure, toile mosaïque, tranche dorée.. . . . . 4 fr.

PERLES ET PARURES

Dessins par GAVARNI, texte par MÉRAY et le comte FŒLIX. 2 beaux vol. grand in-8, illustrés de 30 gravures sur acier, par CH. GEOFFROY, imprimés sur chine avec le plus grand soin. Brochés, les 2 vol., 30 fr.; net. . 20 fr.

LES PAPILLONS

Métamorphoses terrestres des peuples de l'air. Dessins par J. J. GRAND-VILLE, continués par A. VARIN, texte par EUGÈNE NUS, ANTONY MÉRAY et le comte FŒLIX. 2 beaux vol. grand in-8, 30 fr.; net.. . . . . . 20 fr.
Reliure des deux ouvrages ci-dessus, par vol., toile mosaïque. . . . 5 fr.

PHYSIOLOGIE DU GOUT

Par BRILLAT-SAVARIN, illustrée par BERTALL. 1 beau vol. in-8, illustré d'un grand nombre de gravures sur bois intercalées dans le texte, et de 8 sujets gravés sur acier, par CH. GEOFFROY, imprimés sur chine. 10 fr.

L'ANE MORT.

Par J. JANIN. 1 vol. grand in-8 jésus vélin, illustré de nombreux dessins et de gravures à part, à deux teintes, par TONY JOHANNOT, couverture glacée, imprimée en or. Paris, BOURDIN, 1842; au lieu de 10 fr., net. 5 fr.

DON QUICHOTTE DE LA MANCHE.

Traduction nouvelle, précédée d'une notice sur la vie et les ouvrages de l'auteur, par LOUIS VIARDOT, ornée de 800 dessins par TONY JOHANNOT. 1 vol. grand in-8 jésus. Prix, broché. . . . . 20 fr.
Reliure demi-chagrin, le volume. . . . . 3 fr. 50

JÉROME PATUROT

A la recherche d'une position sociale, par LOUIS REYBAUD; illustré par J. J. GRANDVILLE 1 vol. grand in-8, orné de 163 bois dans le texte, et de 35 grand bois tirés hors texte, gravés par BEST et LELOIR, d'après les dessins de J. J. GRANDVILLE. Prix, broché, avec couverture ornée d'après GRANDVILLE, 15 fr.; net. . . . . 12 fr.
Reliure percaline, ornée du blason de Paturot, tirée en couleurs, d'après les dessins de Grandville; filets, tranche dorée. . . . . 5 fr. 50

HISTOIRE PITTORESQUE DES RELIGIONS

Doctrines, Cérémonies et Coutumes religieuses de tous les peuples du monde, par F. T. B. CLAVEL, illustrée de 29 gravures sur acier. 2 vol, grand in-8, 20 fr.; net. . . . . 15 fr.

ENCYCLOPÉDIANA

Recueil d'anecdotes anciennes, modernes et contemporaines, etc., édition illustrée de 125 vignettes. 1 vol. in-8 de 840 pages. . . . . 4 fr. 50

COLLECTION D'OUVRAGES ILLUSTRÉS POUR LES ENFANTS

JOLIS VOLUMES GRAND IN-18 ANGLAIS

Brochés, 3 fr. 50 c. — Reliés toile, dorés sur tranche, 5 fr.

Abrégé de l'Ami des enfants et des adolescents, par BERQUIN, illustré de bois dans le texte. 1 vol.

Silvio Pellico. — Mes Prisons, suivies des Devoirs des hommes. Traduction nouvelle, par le comte H. DE MESSEY. 1 vol. gr. in-18 jésus, orné de 8 jolies vignettes sur acier.

Voyages de Gulliver, par SWIFT. Traduction nouvelle, précédée d'une Notice biographique et littéraire par WALTER SCOTT. 1 vol. grand in-18 jésus, orné de 8 jolies vignettes.

Les Prix de Vertu, par MM. de BARANTE, THIERS, etc. 2 v. avec portraits sur acier et gravures sur bois.

LE LANGAGE DES FLEURS

Par madame CHARLOTTE DE LA TOUR ; nouvelle édition, ornée de 12 magnifiques planches en noir. 1 vol. grand in-18 jésus. . . . . . 3 fr. 50

Le même ouvrage, gravures coloriées avec le plus grand soin. 5 fr.

COLLECTION DE JOLIS VOLUMES IN-8 ANGLAIS

BROCHÉS : 3 FR. LE VOL.

Reliés toile mosaïque, dorés sur tranches, 5 fr.

Astronomie pour la jeunesse, par BERQUIN, illustrée de bois dans le texte 1 vol.

Histoire naturelle pour la jeunesse par BERQUIN, ill. de bois dans le texte. 1 vol.

Fables de Florian, illustrées d'un grand nombre de bois dans le texte, 1 vol.

Le Livre des jeunes filles, par l'abbé DE SAVIGNY, 200 bois dans le texte. 1 vol.

Paul et Virginie, par BERNARDIN DE SAINT-PIERRE, 100 vignettes par BERTALL. 1 vol.

Mystères du collége, par D'ALBANÈS, illustrés de 100 vignettes dans le texte. 1 vol.

La Pantoufle de Cendrillon, par A. HOUSSAYE, illustrée de 100 vignettes. 1 vol.

Alphabet français, nouvelle Méthode de lecture en 80 tableaux, illustré de 29 gravures, par madame DE LANSAC. 1 vol.

Les Nains célèbres, par A. D'ALBANÈS et G. FATH. 100 vignettes. 1 vol.

La Mythologie de la jeunesse, par L. BAUDET, 120 vignettes par SÉGUIN. vol.

L'AMI DES ENFANTS

par BERQUIN. 1 vol. grand in-8, illustré de 150 gravures. . . . . 10 fr.

Ce livre, qui répond si bien à son titre, est toujours, en effet, la lecture privilégiée de l'enfance, surtout lorsque les gravures viennent expliquer le texte. Le livre de Berquin, animé et rehaussé par des vignettes qui mettent les divers sujets en action, et qui en doublent par conséquent le mérite aux yeux des jeunes lecteurs, est resté, comme il restera longtemps, l'un des livres de prédilection de l'enfance.

ROBINSON SUISSE

par M. WYSS, avec la suite donnée par l'auteur, traduit de l'allemand par madame ELISE VOIART ; précédé d'une Notice de CHARLES NODIER. 1 vol. grand in-8 jésus, illustré de 200 vignettes d'après les dessins de M. CH. LEMERCIER. 10 fr

AVENTURES DE ROBINSON CRUSOÉ

Par DE FOE, illustrées par GRANDVILLE. 1 beau vol. grand in-8 raisin.   10 fr.

VOYAGES ILLUSTRÉS DE GULLIVER

Dessins par GRANDVILLE. 1 beau vol. in-8, sur papier satiné et glacé.   10 fr.

FABLES DE FLORIAN

1 vol. in-8, illustré par GRANDVILLE de 80 grandes gravures et 25 vignettes dans le texte. . . . . 10 fr.

LES VEILLÉES DU CHATEAU

Ou Cours de morale à l'usage des enfants, par Mme la comtesse DE GENLIS, Nouvelle édition, illustrée de dessins par STAAL, gravés par CARBONNEAU, DELANGLE, GUSMAN, LAMBERT, LECLERC, MANINI, PIAUD, VINET et YON. 1 vol. grand in-8 raisin, imprimé avec le plus grand soin, papier satiné glacé . . . . 10 fr.

Demi-reliure des quatre volumes ci-dessus, plats toile, doré sur tranche, ou reliure toile mosaïque doré sur tranche, à. . . . . 4 fr.

FABLES DE LA FONTAINE

Illustrations de GRANDVILLE. 1 superbe vol. grand in-8, sur papier jésus, glacé, satiné, avec encadrement des pages et un sujet à chaque fable. Édition unique par le talent, la beauté et le soin qui y ont été apportés. 18 fr.; net. . . . . 15 fr.

GRANDVILLE

Album de 120 sujets tirés des Fables de la Fontaine. 1 vol. gr. in-8.   6 fr.

Cette charmante collection de gravures, contenant une partie des illustrations du célèbre artiste, peut convenir à tous ceux qui n'ont pas la magnifique édition du la Fontaine de Grandville. Elle peut être offerte aux enfants, qui ont souvent entre les mains des éditions plus ordinaires, et qui seront charmés de faire connaissance avec les délicieuses vignettes de GRANDVILLE, en attendant qu'on leur offre la grande édition.

PAUL ET VIRGINIE

Suivi de la Chaumière indienne, par J. H. BERNARDIN DE SAINT-PIERRE. Édition FURNE; illustrée d'un grand nombre de vignettes sur bois par TONY JOHANNOT, MEISSONNIER, FRANÇAIS, ISABEY, etc., etc., de sept portraits sur acier et d'une carte de l'île de France; précédée d'une notice historique et littéraire sur Bernardin de Saint-Pierre, par M. C. A. SAINTE-BEUVE, de l'Académie française; augmentée d'un abrégé de la Flore de l'île de France. 1 beau vol. grand in-8. . . . . 15 fr.

AVENTURES DE TÉLÉMAQUE

Par FÉNELON, avec des notes géographiques et littéraires. 2 grands vol. in-8. Véritable édition de luxe à bon marché, 15 fr.; net. . . . . 7 fr. 50

MUSÉE UNIVERSEL

Histoire, littérature, sciences, arts, industrie, voyages, nouvelles. 1 vol. grand in-8, illustré de 283 belles gravures sur bois, et d'un portrait de Cuvier, sur acier, peint par Mme DE MIRBEL, gravé par RICHOMME. . 6 fr.

LE VICAIRE DE WAKEFIELD

Par GOLDSMITH, traduction par CH. NODIER. Nouvelle édition illustrée des 10 grav. sur acier, par TONY JOHANNOT. 1 vol. grand in-8 jésus.   10 fr.

REVUE CATHOLIQUE

Recueil illustré d'environ 800 gravures. 1 vol. grand in-8. . . . . . 5 fr.
Reliure toile, tranche dorée. . . . . 3 fr. 50

PAUL ET VIRGINIE

Suivi de la *Chaumière indienne*, par BERNARDIN DE SAINT-PIERRE. Édition V. LECOU; nouvelle édition, richement illustrée de 180 bois dans le texte et de 14 gravures sur chine tirées à part. 1 volume grand in-jésus. . . . . 8 fr.

SILVIO PELLICO

Mes Prisons, traduction de M. ANTOINE DE LATOUR, illustrées par TON, JOHANNOT de 100 beaux dessins gravés sur bois. Nouvelle édition. Paris. 1855. 1 volume grand in-8 jésus vélin, glacé, satiné. . . . . 10 fr.
Relié toile, tranche dorée, plaque spéciale. . . . . 5 fr.

HISTOIRE DE LA DÉCOUVERTE ET DE LA CONQUÊTE DE L'AMÉRIQUE

Par J. H. CAMPE, précédée d'un essai sur la vie et les ouvrages de l'auteur par CH. SAINT-MAURICE. 1 volume grand in-8 raisin, illustré de 120 bois dans le texte et à part. . . . . 10 fr.

PREMIERS VOYAGES EN ZIGZAG

Excursions d'un pensionnat en vacances dans les cantons suisses et sur le revers italien des Alpes, par R. TOPFFER, magnifiquement illustrés, d'après les dessins de l'auteur, de 54 grands dessins par CALAME, et d'un grand nombre de bois dans le texte; nouvelle édition, imprimée par Plon frères. 1 volume grand in-8 jésus, papier glacé satiné. . . . . 12 fr.

NOUVEAUX VOYAGES EN ZIGZAG

la Grande Chartreuse, au mont Blanc, dans les vallées d'Hérenz, au Zermatt, au Grimsel et dans les Etats Sardes, par R. TOPFFER, splendidement illustrés de 48 gravures sur bois tirées à part, et de 520 sujets dans le texte, dessinés d'après les dessins originaux de Topffer, par MM. CALAME, KARL GIRARDET, FRANÇAIS, D'AUBIGNY, DE BAR, FOREST, HADAMARD, ELMERIC, STOPP, GAGNET, VEYRASSAT, et gravés par nos meilleurs artistes, 1 volume grand in-8 jésus, papier glacé et satiné, imprimé par Plon frères. . . . . 12 fr.

LES NOUVELLES GÉNEVOISES

r TOPFFER, illustrées d'après les dessins de l'auteur, au nombre de 610 dans le texte et 40 hors texte; gravures par BEST, LENOIR, HOTELIN et RÉGNIER. 1 charmant volume in-8 raisin. Broché . . . . 12 fr.

PRIX DE LA RELIURE POUR LES TROIS OUVRAGES CI-DESSUS:
Reliure toile mosaïque, plaque spéciale tr. d. le vol. . . . . 6 fr.
— demi-chagrin, plats toile, tr. dorée. . . . . 6 fr.

PICCIOLA

X. B. SAINTINE. Nouvelle édition, illustrée par TONY JOHANNOT et NANTEUIL. 1 vol grand in-8. . . . . 10 fr.

HISTOIRE DE PARIS

TH. LAVALLÉE. 207 vues par CHAMPIN. 1 vol. grand in-8 jésus. 12 fr.

HISTOIRE DE L'EMPIRE OTTOMAN

Depuis les temps les plus anciens jusqu'à nos jours, par M. THÉOPHILE LAVALLÉE. 1 magnifique volume grand in-8, accompagné de 18 belles gravures anglaises sur acier, représentant des scènes historiques, de vues, des portraits, etc., 18 fr. ; net. . . . . 15 fr.

L'auteur a résumé avec son talent d'historien très-apprécié le tableau de ce pays, dont l'étude est une des nécessités de notre époque.

HISTOIRE DE LA MAISON ROYALE DE SAINT-CYR
(1686-1738)

Par THÉOPHILE LAVALLÉE. Paris, Furne, 1856. 1 magnifique volume grand in-8 jésus vélin glacé satiné, et illustré de vignettes sur acier, de plans et de fac-simile. . . . . 10 fr.

Ouvrage couronné par l'Académie française, et recommandé par Monseigneur l'Archevêque de Paris.

HISTOIRE DE LA MARINE CONTEMPORAINE

De 1784 à 1848, par LÉON GUÉRIN. Paris, 1855. 1 fort volume grand in-8 jésus vélin, de près de 750 pages, illustré de gravures sur acier, plans, etc.; au lieu de 15 fr., net. . . . . 12 fr. 50

L'ESPAGNE PITTORESQUE, ARTISTIQUE ET MONUMENTALE

Mœurs, usages et costumes, par MM. MANUEL DE CUENDIAS et V. DE FÉRÉAL, 1 volume grand in-8, orné de 50 planches à part, dont 25 costumes coloriés et 25 vues et monuments à deux teintes; du portrait de la reine Isabelle, et de 100 vignettes dans le texte, par C. NANTEUIL. 20 fr.; net. . . . . 15 fr.

L'ESPAGNE est un ces beaux ouvrages, imprimés à la presse à bras, sur papier de luxe, qui deviennent de plus en plus rares, et que l'invasion de la fabrication à bon marché ne permet plus de reproduire dans les mêmes conditions.

BIBLIOTHÈQUE CHOISIE

Collection des meilleurs ouvrages français et étrangers, anciens et modernes, format grand in-18 (dit anglais), papier jésus vélin. Cette collection est divisée par séries. La première et la deuxième série contiennent des volumes de 400 à 500 pages, aux prix de 3 fr. 50 c. le volume pour la première série, et net 3 fr. pour la deuxième série. La troisième et las quatrième série se composent de volumes de 250 à 300 pages environ, aux prix de 2 fr. net pour la troisième série et 1 fr. 50 net pour la quatrième série. La majeure partie des volumes est ornée d'une vignette ou d'un portrait sur acier.

PREMIÈRE SÉRIE. — Volumes à 3 fr. 50 cent.

Causeries du Lundi, par M. SAINTE-BEUVE, de l'Académie française. Ce charmant recueil, renfermant des appréciations aussi justes que spirituelles sur les personnages les plus éminents, se compose de 13 vol. grand in-18. Chaque volume, contenant des articles complets, se vend séparément.

Portraits littéraires, par M. SAINTE-BEUVE, suivis des Portraits de femmes, des Derniers Portraits. vol. grand in-18.

Portraits contemporains et diverse par M. SAINTE-BEUVE. 5 forts voll grand in-18.

Matinées littéraires. Cours complets de littérature moderne, par ED. MENNECHET. Troisième édition. 4 vol. gr. in-18. . . . . 14 fr.

Histoire de France depuis la fondation de la monarchie, par ED. MENNECHET. Troisième édition. 2 forts volo grand in-8 jésus. . . . . . . 8 fr.

Ouvrage dédié aux pères de famille et couronné par l'Académie française

Étude sur Virgile, suivie d'une *Étude sur Quintus de Smyrne*, par M. SAINTE-BEUVE, de l'Académie française. 1 vol.

Essais d'histoire littéraire, par M. GÉRUZEZ. 2 vol. 1er vol: *Moyen âge et Renaissance*. 2e vol. : *Temps modernes*.

Le Livre des affligés, Douleurs et Consolations, par le vicomte ALBAN DE VILLENEUVE-BARGEMONT. 2 vol. gr. in-18, ornés de vignettes.

Les Prix de vertu, par MM. DE BARANTE, THIERS, DE SÉGUR, VILLEMAIN, DE JOUY, NODIER, DE SALVANDY, FLOURENS, SCRIBE, DUPIN, etc., etc. 2 volumes ornés de vignettes.

Œuvres de J. Reboul, de Nîmes. Poésies diverses ; le Dernier Jour, poëme. 1 vol. avec portrait.

Histoire de la Révolution de 1848, par LAMARTINE. Quatrième édit. 2 vol. grand in-18 jésus.

Histoire intime de la Russie sous les empereurs Alexandre et Nicolas, par J. M. SCHNITZLER. 2 forts vol.

Messieurs les Cosaques, par MM. TAXILE DELORD, CLÉMENT CARAGUEL et LOUIS HUART. 2 vol. grand in-18 anglais, ill. de 100 vignettes par Cham.

Le Whist rendu facile, suivi des Traités du Whist de Gand, du Boston de Fontainebleau et du Boston russe; par un amateur. Deuxième édition, revue et en partie refondue. 1 vol. grand in-18 anglais.

Pierre Dupont. *Études littéraires* vers et prose. 1 vol.

Correspondance de Jacquemon avec sa famille et plusieurs de ses amis pendant son voyage dans l'Inde (1828-1832). Nouvelle édition, augmentée de lettres inédites et d'une carte. 2 vol.

Mémoires de Beaumarchais, nouvelle édition, précédée d'une appréciation tirée des *Causeries du Lundi*, par M. SAINTE-BEUVE, de l'Académie française. 1 vol. gr. in-18. Depuis longtemps, les Mémoires de Beaumarchais n'avaient pas été imprimés séparément, et ils sont demandés en librairie.

Causeries de chasseurs et de gourmets. 1 fort vol.

La Musique ancienne et moderne, par SCUDO. Nouveaux mélanges de critique et de littérature musicales. 1 v.

Cours d'hygiène, par le docteur A. TESSEREAU, professeur d'hygiène ; ouvrage couronné par l'Académie impériale de médecine. 1 vol.

Voyage dans l'Inde et en Perse, par SOLTYKOFF. 1 vol. orné d'une carte.

Lamennais. *Paroles d'un croyant.* — *Une voix de Prison.* — *Le Livre du Peuple.* 1 vol. grand in-18 jésus.

Les Femmes de la Révolution, par J. MICHELET, membre de l'Institut. 1 beau vol. gr. in-18 jésus, papier vélin, glacé satiné.

Œuvres de E. T. A. Hoffmann, traduites de l'allemand par LOEVE-WEIMAR. Contes fantastiques. 2 vol.

Souvenirs de la marquise de Créqui (1718-1803). Nouvelle édition, revue, corrigée et augmentée de notes. 10 vol. brochés en 5 vol. avec gravures sur acier.

Nouveau Siècle de Louis XIV, ou Choix de chansons historiques et satiriques, presque toutes inédites, de 1634 à 1712, accompagnées de notes. 1 vol.

Excursion en Orient, l'Égypte, le mont Sinaï, la Palestine, la Syrie, le Liban, par M. le comte CH. DE PARDIEU. 1 vol.

Lettres adressées à M. Villemain, secrétaire perpétuel de l'Académie française, sur la *Méthode* en général et sur la définition du mot *fait*, etc., par M. E. CHEVREUL, de l'Académie des sciences. 1 vol.

Éducation progressive, ou Étude du cours de la vie, par madame NECKER DE SAUSSURE. 2 vol. Ouvrage qui a obtenu le prix Monthyon.

Diodore de Sicile. Traduction nouvelle, avec une préface, des notes importantes et des index, par M. FERDINAND HŒFER. 4 volumes gr. in-18.

Jérusalem délivrée, traduction en prose, par M. V. PHILIPPON DE LA MADELAINE ; augmentée d'une description de Jérusalem, par M. DE LAMARTINE. 1 vol.

Les Commencements du monde, Genèse selon les sciences, par PAUL DE JOUVENCEL. « J'écris pour les femmes et les jeunes filles. » 2 vol. grand in-18.

Genèse selon les sciences, 1 vol.

La Vie, par *le même*. 1 vol.

DEUXIÈME SÉRIE. — Volumes, au lieu de 3 fr. 50 c., net, 3 fr.

Œuvres politiques de Machiavel. Traduction revue et corrigée, contenant le *Prince* et le *Discours sur Tite-Live*. 1 vol.

Mémoires, Correspondances et Ouvrages inédits de Diderot, publiés sur les manuscrits confiés, en mourant, par l'auteur, à Grimm. 2 v.

Œuvres de Rabelais, augmentées de plusieurs fragments et de deux chapitres du cinquième livre restitués d'après un manuscrit de la Bibliothèque impériale, et précédées d'une notice historique sur la vie et les ouvrages de Rabelais. Nouv. édit., revue sur les meilleurs textes, et particulièrement sur les travaux de J. le Duchat, de S. de l'Aulnaye et de P. L. Jacob, bibliophile ; éclaircie, quant à l'orthographe et à la ponctuation, accompagnée de notes succinctes et d'un glossaire, par LOUIS BARRÉ, ancien professeur de philosophie. 1 fort vol. gr. in-18, de 650 pages.

Contes de Boccace, traduits par SABATIER, de Castres. 1 vol.

Les Mondes nouveaux, voyage anecdotique dans l'Océan Pacifique par PAULIN NIBOYET. 1 vol. in-18.

Primel et Nola, par BRIZEUX. 1 vol.

De l'Éducation des femmes, par madame DE RÉMUSAT, avec une Préface par M. CH. DE RÉMUSAT. Paris, 1843. 1 vol. in-18.

Œuvres morales de Plutarque. Traduites du grec par RICARD. Nouvelle édition, revue et corrigée. Paris, Lefèvre, 1844, 5 forts vol. gr. in 18 jésus vélin, glacé, satiné, de plus de 600 pages chacun.

Histoire générale de Polybe. Traduction nouvelle, plus complète que es précédentes, précédée d'une Noice, accompagnée de Notes et suivie d'un Index, par M. FÉLIX BOUCHOT. 3 v. grand in-18 jésus vélin.

Lettres sur l'Angleterre (*Souvenirs de l'Exposition universelle*), par EDMOND TEXIER. 1 vol.

Térence, traduit par NISARD. 1 vol.

TROISIÈME SÉRIE. — Volumes, au lieu de 3 fr. 50 c., net, 2 fr.

Vies des Dames galantes, par le seigneur DE BRANTÔME. Nouvelle édition, revue et corrigée sur l'édition de 1740, avec des remarques historiques et critiques. 1 vol.

Légendes du Nord, par M. MICHELET. 1 vol.

Curiosités dramatiques et littéraires, par M. HIPPOLYTE LUCAS. 1 v.

Théâtre de Corneille, nouvelle édition, collationnée sur la dernière édition publiée du vivant de l'auteur. 1 beau vol. gr. in-18 de 540 pages.

Œuvres de Boileau, nouvelle édition conforme au texte donné par M. BERRIAT SAINT-PRIX, précédée d'une Notice sur la vie et les ouvrages de Boileau, par C. A. SAINTE-BEUVE, de l'Académie française. 1 fort vol. in-18 jésus, papier glacé.

Raphaël, Pages de la vingtième année, par A. DE LAMARTINE, 3e édition. 1 vol.

Hégésippe Moreau (Œuvres contenant le *Myosotis*, etc. 1 vol. gr. in-18 jésus.

Œuvres de Gilbert. Nouvelle édition, précédée d'une notice historique sur Gilbert, par CHARLES NODIER. 1 beau vol. grand in-18 jésus.

La Princesse de Clèves, suivie de **la Princesse de Montpensier**, par madame DE LA FAYETTE. Nouvelle édit. 1 beau volume grand in-18 jésus.

Histoire de Manon Lescaut et du chevalier des Grieux, par l'abbé PRÉVOST. Nouvelle édition, collationnée avec le plus grand soin sur l'édition publiée à Amsterdam en 1753, précédée d'une notice historique sur l'abbé Prévost, par JULES JANIN. 1 vol.

Le Secrétaire universel. Renfermant des modèles de lettres sur toutes sortes de sujets, lettres de bonne année, de fête, de condoléance, de félicitations, d'excuses, de reproches, de remerciments, de recommandations ; lettres d'amour et de mariage, lettres d'affaires et de commerce, pétitions à l'Empereur, à l'Impératrice, aux ministres, etc.; billets d'invitations, lettres de faire part, modèles d'actes sous seing privé, avec des instructions détaillées sur ces actes, choix de lettres des écrivains les plus célèbres, etc., etc., par M. ARMAND DUNOIS. 1 beau vol. grand in-18 jésus.

Simple Histoire, par mistriss INCH-BALD, traduction nouvelle, par LÉON DE WAILLY. 1 vol. grand in-18 jésus, vélin.

Lettres sur la Russie, 2ᵉ édition, entièrement refondue et considérablement augmentée, par X. MARMIER. 1 vol.

Du Danube au Caucase, voyages et littérature, par X. MARMIER. 1 vol.

Nouveaux Souvenirs de Voyage et Traditions populaires, par X. MARMIER. 1 vol. grand in-18, jésus vélin.

Les Perce-Neige, nouvelles du Nord, traduites par X. MARMIER, auteur des *Lettres sur la Russie*. 1 vol.

La Cabane de l'oncle Tom. Cet ouvrage, dû à la plume de madame HENRIETTE STOWE, est un des écrits de notre époque qui ont obtenu le plus de succès. La version que nous offrons au public est la plus exacte et la plus complète. 1 vol. in-12.

A travers Champs, souvenirs et propos divers, par M. TH. MURET. 2 vol. gr. in-18 jésus.

Dictionnaire du Pêcheur. Traité de la pêche en eau douce et en eau salée, par ALPHONSE KARR. 1 vol.

Histoire du procès Lesurques, rédigé d'après les pièces du procès et les documents émanés de la famille Lesurques, par ARMAND FOUQUIER, rédacteur de la Collection des Causes célèbres de tous les peuples. 1 vol. in-18 Charpentier.

Anacréon, traduit en vers par M. HENRI VESSERON. Nouvelle édition. 1 vol. grand in-18.

Histoire de Napoléon, par ÉLIAS REGNAULT, ornée de 8 gravures sur acier, d'après Raffet et de Rudder. 4 vol. contenant la matière de 8 vol. in-8.

Congrès de Vérone. Guerre d'Espagne, négociations, colonies espagnoles, par CHATEAUBRIAND. 2 vol.

QUATRIÈME SÉRIE. — Volumes, au lieu de 3 fr. 50 c. et 1 fr. 75 c., net, 1 fr. 50 c.

Application de la géographie à l'histoire, ou Étude élémentaire de géographie et d'histoire générale comparées, par EDOUARD BRACONNIER, membre de l'Université et de plusieurs sociétés savantes. Ouvrage classique précédé d'une Introduction par BESCHERELLE aîné, de la Bibliothèque du Louvre. 2 vol.

Voyage à Venise, par ANSÈNE HOUSSAYE 1 vol. imprimé sur papier vélin.

Œuvres de George Sand. *Indiana*, 1 vol. — *Jacques*, 1 vol. — *André, la Marquise, Métella, Lavinia, Mattéa*. 1 vol. — *Lélia et Spiridion*, 2 vol. — *Simon, l'Uscoque*, 1 vol. — *Le Compagnon du tour de France*, 1 vol.

De l'Instruction publique en France, par E. DE GIRARDIN. 1 vol.

Inondations de 1856. Voyage de S. M. l'Empereur, par CH. ROBIN, auteur de l'*Histoire de la Révolution de 1848*. 1 joli vol. gr. in-18 anglais.

Mémorial de Sainte-Hélène, par le comte DE LAS CASES. Nouvelle édition revue par l'auteur. 9 vol. 9 gravures.

Les Satiriques des dix-huitième et dix-neuvième siècles. Première série, contenant Gilbert, Despaze M. J. Chénier, Rivarol, Satires diverses. 1 vol.

Comédies de S. A. R. la princesse Amélie de Saxe, traduites de l'allemand par PITRE-CHEVALIER. 1 vol. avec portrait.

L'Ane mort et la Femme guillotinée, par J. JANIN. 1 vol. avec vign.

Le Chevalier de Saint-Georges, par ROGER DE BEAUVOIR. 2ᵉ édit. 4 vol. avec vignettes.

Une Soirée au Théâtre-Français (24 avril 1841) : le Gladiateur, le Chêne du roi, par ALEXANDRE SOUMET et madame GABRIELLE D'ALTENHEIM. 1 vol.

Une Journée d'Agrippa d'Aubigné. Drame en 5 actes, en vers; par EDOUARD FOUSSIER. 1 vol. gr. in-18.

BIBLIOTHÈQUE DE POCHE

Par une société de gens de lettres et d'érudits. Paris, PAULIN et LECHEVA-
LIER, 1845 à 1855. La Bibliothèque de poche, variétés curieuses et amu-
santes des sciences, des lettres et des arts, se compose des 10 volumes
suivants, format grand in-18, le volume. . . . . 2 fr.

Curiosités littéraires, LUDOVIC LA-
LANNE. 1 vol.

Acrostiches, anagrammes, centons,
imitation, emprunt, similitude d'idées,
analogie de sujets, plagiat, supposition
d'auteurs, idées bizarres et singulières ouvrages allégoriques, méprises,
bévues, mystifications, académies,
sociétés et réunions, odes burlesques, etc., etc.

Curiosités bibliographiques, par LU-
DOVIC LALANNE 1 vol.

Particularités relatives aux anciennes écritures. — Matières et instru-
ments propres à l'écriture. — Des
formes des livres et des lettres dans
l'antiquité. — Copistes et manuscrits.
— Bévues des copistes, écritures abré-
gées et secrètes. — Des livres d'images
et des Donats. — Éditions grecques,
caractères hébraïques, chronologie de
l'imprimerie, éditions du quinzième
siècle. — Libraires dans l'antiquité,
au moyen âge, au dix-septième siècle,
au dix-huitième siècle, etc., etc.

Curiosités biographiques. 1 vol.

Particularités physiques relatives à
quelques personnages célèbres. — Bizarreries, habitudes et goûts irréguliers de quelques personnages célèbres. — Fécondité de quelques écrivains.—Surnoms historiques.—Morts
singulières de quelques personnages
célèbres.—Personnages célèbres morts
de chagrin, de joie, de peur, etc.

**Curiosités des Traditions, des
Mœurs et des Légendes**, par LU-
DOVIC LALANNE. 1 vol.

De la croyance des chrétiens aux
traditions païennes. — Des présages.
— De la divination par la Bible. — Des
prophéties et des prédictions. — Des
visions. — De la magie. — Des sor-
ciers, des esprits familiers. — Des
saints et des reliques. — Des miracles
au moyen âge, etc., etc.

Curiosités militaires. 1 vol.

Armes défensives. — Armes offen-
sives.—Chars et éléphants de guerre.
—Machines de guerre.—Feu grégeois,
fusées. — Poudre à canon. — L'artillerie à diverses époques. — Arquebu-
ses et mousquets, fusils, pistolets.—
Projectiles.—Armées dans l'antiquité.

Armées du moyen âge. — Armées en
France depuis le treizième siècle. —
Siéges à diverses époques. — Pri-
sonniers de guerre. — Discipline. —
Horreurs de la guerre. — Mélanges.

**Curiosités de l'Archéologie et des
Beaux-Arts.** 1 vol.

Architecture :—Villes de l'antiquité.
Villes du moyen âge. — Édifices reli-
gieux. — Habitations. — Palais. —
Théâtres.— Ponts. — Puits. — Maté-
riaux. — Constructions.
Sculpture :— Statues.—Bas-reliefs.
Portes sculptées.
Peinture : — Procédés divers de
peinture.—Peintures chez les anciens.
—Différences d'inventions. — Impié-
tés naïves. — Peintures singulières.
—Trompe-l'œil. — Peintures licen-
cieuses. — Modèles. — Portraits. —
Musées. — Mosaïques. — Céramiques.
— Émaux. — Ornements d'or et d'ar-
gent. — Verrerie. — Vitraux peints.
— Broderies. — Tapisseries. — Toiles
peintes. — Numismatique. — Sceaux.
— Gravure.—Inscriptions.—Erreurs
archéologiques, etc., etc.

**Curiosités philologiques, géogra-
phiques et ethnologiques.** 1 vol.

Philologie. — Prolégomènes. —Lan-
gues anciennes. — Langue française.
— Orthographe. — Versification. —
Étymologies — Noms propres. —Néo-
logisme. — Philologie conjecturale.
— Philologie emblématique. — Sin-
gularités.—Mélanges. — Géographie,
— Ethnologie.

Curiosités historiques. 1 vol.

Incertitudes de l'Histoire. — Per-
pétuité des traditions. — Rapproche-
ments historiques. — Grands événements produits par de petites causes.
—Coups de main. —Compilations, etc.
— Misères royales. — Couleurs na-
tionales. — Insignes. — Devises. —
Impôts singuliers. — Redevances bizarres. — Dénominations singulières
données aux partis. — Morts mysté-
rieuses et étranges. — Invraisemblan-
ces historiques, etc., etc.

**Curiosités des Inventions et des
Découvertes.** 1 vol.

Préambule. — Alimentation. — Vê-
tement. — Métallurgie. — Art cérami-

— IMP. PARISISMON RAÇON ET COMP., RUE D'ERFURTH, 1.

que. — Chauffage et éclairage. — Distribution d'eau.—Moyens de transport. — Communication de la pensée. — Guerre. — Inventions diverses. — Sciences.

Curiosités anecdotiques. 1 vol.

Poëtes. — Philosophes. — Académiciens. — Diplomates. — Hommes d'Etat. — Hommes de guerre. — Avocats. — Procureurs. — Gens de robe — Jésuites.—Prédicateurs.—Théâtre. — Acteurs. — Actrices. — Bouffonneries. — Gasconnades. — Facéties. — Fourberies. — Pressentiments. — Originalités. — Bizarreries. — Aventures amoureuses. — Mésaventures et vengeances conjugales. — Bons mots. — Epigrammes, etc., etc.

Chaque vol. se vend séparément 2 fr.

ŒUVRES DE M. FLOURENS

SECRÉTAIRE PERPÉTUEL DE L'ACADÉMIE DES SCIENCES, MEMBRE DE L'ACADÉMIE FRANÇAISE, ETC.

Il serait inutile d'insister ici sur le mérite des œuvres de M. FLOURENS. Leur succès et leur débit en disent plus que tous les éloges. La vogue populaire ne leur est pas moins assurée que le succès scientifique.

De la Vie et de l'Intelligence. 2ᵉ édition. 1 vol. gr. in-18 angl. 3 fr. 50

Circulation du sang (histoire de sa découverte). 2ᵉ édition, revue et aug. 1 vol. grand in-18 anglais. 3 fr. 50

Cet ouvrage est le plus complet, le meilleur à tous les points de vue, qui ait été publié sur cette matière.

Éloges historiques, lus dans les séances publiques de l'Académie des sciences. 2 vol. grand in-18. Chaque volume. . . . . 3 fr. 50

On se rappelle le succès qu'ont obtenu, dans les séances publiques de l'Académie des sciences, les charmants *Éloges historiques* du secrétaire perpétuel, M. Flourens. Ce sont autant de petits chefs-d'œuvre dont l'ensemble offre une lecture aussi attrayante que variée.

Éloge historique de François Magendie, suivi d'une discussion sur les titres respectifs de MM. BELL et MAGENDIE à la découverte des fonctions distinctes des racines des nerfs. 1 vol. grand in-18 anglais. . 2 fr.

De la Longévité humaine et de la quantité de vie sur le globe, 4ᵉ édition, revue et augmentée. 1 vol. grand in-18 anglais. . . . . . . 3 fr. 50

Des manuscrits de Buffon, avec des Fac-simile de Buffon et de ses collaborateurs. 1 volume grand in-18 jésus. . . . . 3 fr. 50

Histoire des travaux et des idées de BUFFON. 2ᵉ édition, revue et aug. 1 vol. grand in-18 anglais. 3 fr. 50

Cuvier.—Histoire de ses travaux. 3ᵉ édition, revue et augmentée. 1 vol. grand in-18. . . . . 3 fr. 50

Fontenelle, ou de la Philosophie moderne relativement aux sciences physiques. 1 vol. gr. in-18 angl. 2 fr.

De l'Instinct et de l'intelligence des animaux. 3ᵉ édition, entièrement refondue et augmentée. 1 vol. grand in-18 anglais. . . . . 2 fr.

Examen de la Phrénologie. 3ᵉ édition, augmentée d'un Essai physiologique sur la folie. 1 vol. grand in-18 anglais. . . . . 2 fr.

ŒUVRES DE F. LAMENNAIS

Essai sur l'Indifférence en matière de religion. Nouvelle édition, 4 vol. gr. in-18 jésus, à. . . . . 3 fr. 50

LE MÊME OUVRAGE, format in-8, imprimé sur beau papier, le volume. . 5 fr.

Paroles d'un Croyant — Une Voix de prison — Le Livre du Peuple. — Esclavage moderne. 1 vol. gr. in-18. . . . . 3 fr. 50

Affaires de Rome. 1 vol. grand in-18 jésus. . . . . 3 fr. 50

LE MÊME OUVRAGE, format in-8, imprimé sur beau papier, le volume. . 5 fr.

La réimpression de ces trois ouvrages était fort demandée. Elle répond donc à un besoin réel et ne peut manquer d'être bien accueillie.

ESSAI BIOGRAPHIQUE SUR M. F. DE LAMENNAIS

Par A. BLAIZE. 1 vol. in-8 . . . . 5 fr.

MÉMOIRES COMPLETS ET AUTHENTIQUES DU DUC
DE SAINT-SIMON

Sur le siècle de Louis XIV et la Régence, publiés sur le manuscrit original entièrement écrit de la main de l'auteur. Nouvelle édition, revue et corrigée. 40 vol. brochés en 20 vol. dont 1 de tables, avec 38 portraits gravés sur acier.. . . . . 70 fr.

ŒUVRES DE JOSEPH GARNIER

PROFESSEUR D'ÉCONOMIE POLITIQUE A L'ÉCOLE IMPÉRIALE DES PONTS ET CHAUSSÉES
SECRÉTAIRE PERPÉTUEL DE LA SOCIÉTÉ D'ÉCONOMIE POLITIQUE

Traité d'Économie politique, Exposé didactique des principes et des applications de cette science et de l'organisation économique de la Société. Adopté dans plusieurs écoles ou universités. 1 fort v. gr. in-18. 4 fr. 50

Du Principe de population. Energie de ce principe. — Avantages et maux qui peuvent en résulter. — Obstacles qu'il rencontre ou qu'on peut lui opposer. — Remèdes pour en contre-balancer les effets. — Théories économiques, politiques, morales et socialistes auxquelles il a donné lieu : Contrainte morale ; — Réformes économiques, politiques et sociales ; — Emigration ; — Charité ; — Socialisme ; — Droit au travail, etc. 1 vol. in-18 jésus. . . . . 3 fr. 50

Traité d'Éléments de finances, faisant suite au Traité d'Economie politi, que. (Statistique, Impôts, Emprunts-Misère, etc.) 1 v. in-18 jés. 3 fr. 50
Ces trois ouvrages constituent un cours d'études pour les questions qu'embrasse l'Economie politique.

Abrégé des Éléments d'Économie politique, ou premières Notions sur l'organisation de la société laborieuse et sur l'emploi de la richesse individuelle et sociale, suivies d'un Vocabulaire des termes d'économie politique, etc. 1 vol. grand in-32. 2 fr.

Traité de Mesures métriques (Mesures. — Poids. — Monnaies). Exposé succinct et complet du système français métrique et décimal ; avec gr. dans le texte. 1 vol. in-18. . . 75 c.

MANUEL DU CAPITALISTE

Ou Comptes faits des intérêts à tous les taux, pour toutes sommes, de 1 jusqu'à 366 jours, ouvrage utile aux négociants, banquiers, commerçants de tous les états, trésoriers, receveurs généraux, comptables, généralement aux employés des administrations de finances et de commerce et à tous les particuliers, par BONNET, auteur du *Manuel monétaire*. Nouvelle édition, augmentée d'une Notice sur l'intérêt, l'escompte, etc., par M. JOSEPH GARNIER, revue, pour les calculs, par M. X. RYMKIEWICZ, calculateur au Crédit foncier de France. 1 beau vol. in-8. . . . . . . 6 fr

Ce livre, éminemment commode pour les opérations financières, qui ont pris une si grande extension, est devenu, par le soin extrême donné à sa révision, et par les excellentes additions et corrections qu'on y a faites, un ouvrage de première utilité pour tous les comptables, tous les négociants, tous les banquiers, toutes les administrations financières.

TRAITÉ DE CHIMIE APPLIQUÉE AUX ARTS

Par M. DUMAS, sénateur, ancien ministre, membre de l'Académie des sciences et de l'Académie de médecine, etc. 8 vol. in-8 et 2 atlas in-4 ; édition de Liége, introduite en France avec l'autorisation de l'auteur, 150 fr. ; net. . . . . 125 fr.

Cet ouvrage, dont l'édition française est aujourd'hui totalement épuisée, et que recommande si puissamment le nom de M. Dumas, fait autorité dans la science. Il est indispensable aux industriels comme aux savants.

DE L'UNITÉ SPIRITUELLE

Ou de la Société et de son but au delà du temps ; par M. Ant. Blanc Saint-Bonnet. 2ᵉ édit. 3 vol. in-8 de 1,800 pages, gr. raisin. . . . . 24 fr.

LE JARDINIER DE TOUT LE MONDE

Traité complet de toutes les branches de l'horticulture, par A. Ysabeau. 1 fort vol. grand in-18, ill. de gravures sur bois dans le texte. 3 fr. 50

LA MÉDECINE USUELLE

GUIDE MÉDICAL DES FAMILLES

Par A. Ysabeau. Contenant l'exposé de tous les soins nécessaires à la conservation de la santé, depuis la naissance jusqu'aux limites extrêmes de la longévité humaine. 1 beau vol. gr. in-18. . . . . 3 fr. 50

LE DROIT USUEL, OU L'AVOCAT DE SOI-MÊME

Nouveau Guide en affaires, contenant toutes les notions de droit et tous les modèles d'actes dont on a besoin pour gérer ses affaires, soit en matière civile, soit en matière commerciale, etc., par Durand de Nancy. 1 beau vol. grand in-18. . . . . 3 fr. 50

GUIDE DU PROPRIÉTAIRE ET DU LOCATAIRE

Par le même. 1 beau vol. gr. in-18. . . . . 2 fr. 50

DES OPÉRATIONS DE BOURSE

Manuel des fonds publics et des Sociétés par actions dont les titres se négocient dans les Bourses françaises, par M. A. Courtois fils. Troisième édition, entièrement refondue. 1 vol. grand in-18 jésus. . . . 3 fr. 50

Le rapide succès de ce livre en indique assez le mérite. Les améliorations importantes apportées à cette nouvelle édition en font un ouvrage nouveau.

ANNUAIRE DE LA BOURSE ET DE LA BANQUE

Guide universel des capitalistes et des actionnaires, par une société de jurisconsultes et de financiers ; sous la direction de M. A. F. de Birieux, avocat, rédacteur principal. 4 vol. in-12, 20 fr.; net. . . . . . 10 fr.

NOUVEAU MANUEL THÉORIQUE ET PRATIQUE DE LA TENUE DES LIVRES

En partie double, d'après le système du Journal Grand-Livre, par M. P. Ravien, professeur de tenue des livres et de droit commercial au collège de Mâcon, arbitre de commerce à Lyon. 2ᵉ édition. 1 vol. in-8. . 4 fr.

VIGNOLE — TRAITÉ ÉLÉMENTAIRE PRATIQUE D'ARCHITECTURE

Ou étude des cinq ordres, d'après Jacques Barozzio de Vignole. Ouvrage divisé en 72 planches, comprenant les cinq ordres, avec l'indication des ombres nécessaires au lavis, le tracé des frontons, etc., et des exemples relatifs aux ordres ; composé, dessiné et mis en ordre par J. A. Leveil, architecte, et gravé sur acier par Hibon. 1 vol. in-4. . . . . . 10 fr.

Le beau travail de M. Leveil est le plus complet, le mieux exécuté, en même temps que le plus exact qu'on ait publié jusqu'ici d'après Barozzio de Vignole. Les planches se distinguent par une élégance et un fini remarquables. Elles sont d'ailleurs plus nombreuses que dans les autres traités sur la matière. Le texte, au lieu d'être groupé en tête de l'ouvrage, se trouve au bas des pages auxquelles il s'applique ; ce qui en rend l'usage infiniment plus commode et plus facile.

TRADUCTIONS NOUVELLES DES AUTEURS LATINS

AVEC LE TEXTE EN REGARD

OU

BIBLIOTHÈQUE LATINE-FRANÇAISE

PUBLIÉE PAR M. C. L. F. PANCKOUCKE

CHAQUE AUTEUR SE VEND SÉPARÉMENT

Au lieu de SEPT francs le volume in-8, TROIS francs CINQUANTE centimes

Papier des Vosges, non mécanique, caractères neufs.

Nous avons l'honneur de prévenir MM. les amateurs de livres que nous venons d'acquérir la Bibliothèque latine, dite de Panckoucke, formée des principaux auteurs latins : cette collection a acquis dans le monde savant une haute réputation, tant par la fidélité de la traduction et par l'exactitude du texte qui se trouve en regard que par les notices et les notes savantes qui l'accompagnent, et surtout par la précision de leur rédaction. Nous avons diminué de moitié le prix de publication de chaque volume.

La plupart de ces ouvrages, convenables aux études des colléges, sont adoptés par le Conseil de l'Université.

PREMIÈRE SÉRIE

ŒUVRES COMPLÈTES DE CICÉRON

TRADUITES EN FRANÇAIS. 36 VOL. IN-8.

Les *Œuvres complètes de Cicéron*, publiées au prix de 7 fr. le volume, ont été jusqu'ici d'une acquisition difficile. Nous avons pensé en assurer le débit et les rendre accessibles à tous les amateurs de la belle et grande latinité au moyen d'un rabais considérable sur le prix de l'ouvrage. Les *Œuvres de Cicéron* doivent figurer au premier rang dans la bibliothèque de tout homme lettré ; mais beaucoup d'acheteurs reculaient devant une acquisition très-coûteuse. En faciliter l'achat et le rendre abordable par l'attrait du bon marché est donc une combinaison qui ne peut manquer de réussir.

ŒUVRES COMPLÈTES DE TACITE

TRADUITES EN FRANÇAIS, 7 VOL. IN-8.

Tacite, signalé par Racine comme le plus grand peintre de l'antiquité, est un des auteurs latins qu'on recherche le plus, et dont les œuvres sont d'un débit constant et assuré. Cette édition est fort estimée, soit pour la traduction, soit pour la correction du texte. Le format (bibliothèque Panckoucke) en est commode et maniable.

ŒUVRES COMPLÈTES DE QUINTILIEN

TRADUITES EN FRANÇAIS. 6 VOL. IN-8.

Les *Œuvres de Quintilien* font loi en matière de critique comme en matière d'éducation. Elles s'adressent donc à un grand nombre de lecteurs, et le bon marché, de même que l'excellence de la traduction, doit en faciliter la vente.

Justin, traduction nouvelle par MM. J. Pierrot, et Boitard, avec une notice par M. Laya. 2 vol.

Florus, traduction nouvelle par M. Racon, avec une Notice par M. Villemain, de l'Académie française. 1 vol.

Velleius Paterculus, traduction nouvelle par M. Després. 1 vol.

Valère Maxime, traduction nouvelle par M. Frémion. 3 vol.

Pline le Jeune, traduction nouvelle de de Sacy, revue et corrigée par M. J. Pierrot. 3 vol.

Juvénal, traduction de M. Dusaulx, revue par M. J. Pierrot. 2 vol.

Perse, Turnus, Sulpicia, traduction nouvelle par M. A. Pierrot. 1 vol.

Ovide, *Métamorphoses*, par M. Gros, inspecteur de l'Académie. 3 vol.

Lucrèce, traduction nouvelle, en prose par M. de Pongerville, de l'Académie française, avec une Notice et l'Exposition du système d'Epicure, par M. Ajasson de Grandsagne. 2 vol.

Claudien, traduction nouvelle par M. Héguin de Guerle, et Alph. Trognon. 2 vol.

Valerius Flaccus, traduit pour la première fois en prose par M. Caussin de Perceval. 1 vol.

Stace, traduction nouvelle, 4 vol.
— Tome I. Silves, par MM. Rinn et Achaintre.
— Tomes II, III, IV. La Thébaïde, par MM. Achaintre et Boutteville, professeur. L'Achilléide, par M. Boutteville.

Phèdre, traduction nouvelle par M. E Panckoucke. Avec un fac-simile. 1 vol

DEUXIÈME SÉRIE

Les auteurs désignés par un * sont traduits pour la première fois en français.

Poetæ Minores : Arborius* Calpurnius, Eucheria*, Gratius Faliscus, Lupercus Servastus*, Nemesianus, Pentadius*, Sabinus*, Valerius Cato*, Vestritius Spurinna* et le Pervigilium Veneris; traduction de M. Cabaret-Dupaty, professeur au lycée de Grenoble. 1 vol.

Jornandès, traduction de M. Savagnier, professeur d'histoire en l'université 1 vol.

Censorinus*, traduction de M. Mangeart, ancien professeur de philosophie; — **Julius Obsequens, Lucius Ampellus***, traduction de M. Verger, de la Bibliothèque impériale. 1 vol.

Ausone, traduction de M. E. F. Corpet. 2 vol.

P. Mela, Vibius Sequester*, **Ethicus Ister***, **P. Victor***, traduction de M. Louis Baudet, professeur. 1 vol.

R. Festus Avienus*, **Cl. Rutilius Numatianus**, etc., traduction de MM. Eug. Despois et Ed. Saviot, anciens élèves de l'Ecole normale. 1 vol

Varron, Economie rurale, traductio de M. Rousselot, professeur. 1 vol.

Eutrope, Messala Corvinus*, **Sextus Rufus**, traduction de M. N. A Dubois, professeur. 1 vol.

Palladius, *Econ. rurale*, trad. de M. Cabaret-Dupaty, prof. 1 vol.

Columelle, *Econom. rurale*, traduct. de M. Louis Dubois, auteur de plusieurs ouvrages d'agriculture, de littérature et d'histoire. 3 vol.

Histoire Auguste, tome Ier. **Spartianus, Vulcatius Gallicanus, Trebellius Pollion**; trad. de M. Fl. Legay, prof. au collège Rollin.
— Tome II : **Lampridius**, traduction de M. Laas d'Aguen, membre de la Société Asiatique; — **Flavius Vopiscus**, trad. de MM. Taillefert, professeur au lycée de Vendôme, et J. Chenu.
— Tome III : **Julius Capitolinus**, traduct. de M. Valton, prof. au lycée de Charlemagne. 3 vol.

C. Lucilius, trad. de M. E. F. Corpet; — **Lucilius junior, Salius Bassus, Cornelius Severus, Avianus***, **Dionysius Caton**, traduct. de M. J. Chenu. 1 vol.

Priscianus, traduct. de M. Corpet; — **Serenus Sammonicus***, **Macer***, **Marcellus***, trad. de M. Baudet. 1 v.

Macrobe, t. Ier (*Les Saturnales*, t. Ier), traduct. de M. Ubicini Martelli; — t. IIe (*Les Saturnales*, t. II), traduct. de M. Henri Descamps; — t. III et dernier (*De la différence des verbes grecs et latins ; Commentaire du Songe de Scipion*), traduct. de MM. Laas d'Aguen et N. A. Dubois. 3 vol.

Sextus Pompeius Festus*, traduct. de M. Savagner. 2 v.

Aulu-Gelle, t. Ier, traduct. de M. E. de Chaumont, profess. au lycée d'Angoulême. — T. IIe, trad. de M. Félix Flambart. — T. IIIe, traduct. de M. Buisson. 3 vol.

(Ne se vend pas séparément de la collection.)

Vitruve, *Architecture*, avec de nombreuses figures, trad. de M. C. L. Maufras, prof. au collége Rollin. 2 vol.

C. J. Solin*, trad. de M. Alph. Agnant, agrégé des classes supérieures. 1 vol.

Frontin, *Les Stratagèmes et les Aqueducs de Rome*, traduction de M. Ch. Bailly. 1 vol.

Sulpice Sévère, traduction de M. Herbert. — **Paulin de Périgueux***, **Fortunat***, trad. de M. E. F. Corpet. 2 vol.

(Cet ouvrage ne se vend pas séparément.)

Sextus Aurelius Victor, trad. de M. N. A. Dubois, profess. 1 vol.

N. B. — Il existe encore dans nos magasins trois ou quatre collections complètes de la Bibliothèque latine, composée de 211 volumes, au prix de 1,055 fr.

RÉIMPRESSION

DES

CLASSIQUES LATINS DE LA COLLECTION PANCKOUCKE

FORMAT GRAND IN-18 JÉSUS A 3 FR. 50 LE VOLUME

ŒUVRES COMPLÈTES D'HORACE. Nouvelle édition, précédée d'une Etude sur Horace, par H. Rigault. 1 vol. . . . . 3 fr. 50

ŒUVRES COMPLÈTES DE SALLUSTE. Traduction par Durozoir. Nouvelle édition revue par MM. Charpentier et Félix Lemaistre, et précédée d'un nouveau travail sur Salluste, par M. Charpentier. 1 vol. 3 fr. 50

ŒUVRES CHOISIES D'OVIDE (les *Amours*, l'*Art d'aimer*, etc.). Nouvelle édition, revue par M. Félix Lemaistre, et précédée d'une Etude sur Ovide, par M. J. Janin. 1 vol. 3 fr. 50

ŒUVRES COMPLÈTES DE TITE LIVE. Traduct. par MM. Liez, Dubois, Verger et Corpet. Nouvelle édition, revue par E. Pessonneaux, Blanchet et Charpentier, et précédée d'une Etude sur Tite Live, par M. Charpentier. 6 vol. à. . . . . . . 3 fr. 50

ŒUVRES COMPLÈTES DE SÉNÈQUE LE PHILOSOPHE. Nouvelle édition, revue par MM. Charpentier et Félix Lemaistre. 4 vol. à. . 3 fr. 50

CATULLE, TIBULLE ET PROPERCE, Traduct. par MM. Héguin de Guerle, Vatatour et Genouille. Edit. revue par M. Vatatour. 1 vol. 3 fr. 50

CÉSAR. Traduct. par M. Artaud. 1 volume . . . . 3 fr. 50

JUVÉNAL. Traduction de Dusaulx, revue par MM. Jules Pierrot et Félix Lemaistre. 1 vol. . . . . 3 fr. 50

LUCRÈCE. Traduct. nouvelle par Lagrange, nouvelle édit. 1 vol. 3 fr. 50

PÉTRONE, Trad. par M. Héguin de Guerle. 1 vol. . . . . . . 3 fr. 50

ŒUVRES DE VIRGILE. Edit. revue par M. F. Lemaistre, avec une Etude par M. Sainte-Beuve. 1 vol. (par exception). . . . . 4 fr. 50

CLASSIQUES LATINS

Français et latin, format in-24 sur jésus (ancien in-12, édition Lefèvre). Prix de chaque vol., 3 fr. 50 c.; net. . . . . 2 fr. 50

TACITE. Traduction de Dureau de la Malle, revue et corrigée. augmentée de la Vie de Tacite, du Discours préliminaire de Dureau de la Malle, des Suppléments de Brottier. 3 vol.

TÉRENCE. Ses comédies. Traduction nouvelle avec des notes, par M. Collet. 1 vol. de plus de 600 pages.

PLAUTE. Son Théâtre. Trad. de M. Naudet. 4 vol.

PLINE L'ANCIEN. L'histoire des Animaux, traduction de Guéroult, 1 vol. de près de 700 pages.

MORCEAUX EXTRAITS DE PLINE le Naturaliste. Traduction de Guéroult. 1 vol.

Q. HORATII FLACCI

Opera omnia, ex recensione Joannis Gasparis Orelli. 1 vol. in-24, édition Lefèvre. 1851, 4 fr.; net. . . . . 3 fr.

Édition recommandable par l'exécution typographique et la correction du texte.

CLASSIQUES FRANÇAIS

Format in-24 jésus (ancien in-12, édition Lefèvre), le vol. . . . 2 fr. 50

MONTAIGNE. Ses Essais et ses Lettres, avec les notes ou remarques de tous les commentateurs : Coste, Naigeon, A. Dubal, MM. E. Johanneau, Victor le Clerc; et une table analytique des matières. 5ᵉ édit. 3 vol.

BOSSUET. Oraisons funèbres, Panégyriques et Sermons. 4 vol.

FLEURY. Discours sur l'histoire ecclésiastique, Mœurs des Israélites, Mœurs des Chrétiens, etc. 2 vol.

ŒUVRES DE J. DELILLE, avec des notes de Delille, Choiseul-Gouffier, Feletz, Aimé, Martin. 2 vol.

ESSAI SUR L'ÉLOQUENCE DE LA CHAIRE, par Maury. 1 vol.

OUVRAGES COMPLETS AU RABAIS

Bibliothèque Cazin. — 1 fr. le vol.; net, 75 c.

Didier (Ch.). Rome souterraine. 2 vol·
Galland. Les Mille et une Nuits. 6 vo
Godwin (W.). Caleb Williams, traduit de l'anglais. 3 vol.
Eugène Sue. Paula Monti. 2 vol.
— Thérèse Dunoyer. 2 vol.
— Jean Cavalier. 4 vol.
— Latréaumont. 2 vol.
— Les Mystères de Paris. 10 vol.
— Le Juif Errant. 10 vol.
— Mathilde. 6 vol.
— Arthur. 4 vol.
— Deleytar. 1 vol.
— La Salamandre. 2 vol.
La Coucaratcha. 2 vol.
Soulié (Fr.). Les Mémoires du Diable. 5 vol.

Louis Reybaud. Jérôme Paturot à la recherche d'une position sociale. 2 volumes. . . . . 2 fr.
Jacob (P. L.) (Bibliophile). Soirées de Walter Scott à Paris. Scènes historiques et chroniques de France, le Bon Vieux Temps. 4 vol.
Tressan. Roland furieux, traduit de l'Arioste. 4 vol.
— Le petit Jehan de Saintré. 1 vol.
Benjamin Constant. Adolphe, suivi de la tragédie de *Walstein*. 1 vol.
Karr (Alph.). Sous les Tilleuls. 2 vol.
Contes de Boccace. 4 vol.
Résumé de l'Histoire de France, par Félix Bodin. 12ᵉ édition. 1 vol. in-32.

ORIGINE DE TOUS LES CULTES, OU RELIGION UNIVERSELLE

Par Dupuis (de l'Institut). Nouvelle édition, revue et corrigée avec soin, enrichie d'un nouvel atlas astronomique composé de 24 pl. gravées d'après les monuments, par Couché fils, et de la gravure du Zodiaque de Denderah. 7 forts vol. in-8 et atlas in-4, au lieu de 50 fr.; net. . 30 fr

CLASSIQUES FRANÇAIS

Format in-32, imprimés par MM. F. Didot. à 1 fr. 50 c. le vol. ; net.   75 c

Esprit des Lois, de Montesquieu. 6 vol.

Œuvres diverses de Montesquieu. 2 vol.

Œuvres de Regnard. 4 vol.

Œuvres de Ducis. 7 vol.

Œuvres de Destouches. 5 vol.

Théâtre choisi de Voltaire. 6 vol.

La Nouvelle Héloïse. 6 vol.

Œuvres de Saint-Réal. 2 vol.

Épîtres, Stances et Odes de Voltaire. 2 vol.

Poésies et Discours en vers de Voltaire. 1 vol.

Temple du Goût et Poésies mêlées, idem. 1 vol.

BIBLIOTHÈQUE D'UN DÉSŒUVRÉ

Série d'ouvrages in-32, format Elzévirien

Œuvres complètes de Béranger, avec ses 10 dernières Chansons. 1 vol. in-32. . . . . 3 fr. 50

Œuvres posthumes de Béranger, en un seul volume, contenant les dernières Chansons et Ma Biographie, avec un appendice et un grand nombre de notes inédites de Béranger sur ses chansons. 1 vol. in-32. . . 3 fr. 50

Chansons et Poésies de Désaugiers nouvelle édition précédée d'une notice sur Désaugiers, par MERLE, avec portraits et vignettes. 1 fort volume in-32. . . . . 3 fr.

Chansons et Poésies de Pierre Dupont. Troisième édition, augmentée de chants nouveaux. 1 vol. in-18, 3 fr.; relié en toile, tr. dor. 4 fr. 50

Lettres d'Amour, avec portraits et vignettes. 1 vol. . . . . . . 3 fr.

Drôleries poétiques, avec portraits et vignettes. 1 vol. . . . . . . 3 fr.

Académie des Jeux, contenant l'histoire, la marche, les règles, conventions et maximes des jeux. 1 volume illustré. . . . . 3 fr.

La Goguette ancienne et moderne, choix de chansons guerrières, bachiques, philosophiques, joyeuses et populaires. Joli vol. orné de portraits et vignettes. . . . . 3 fr.

Chansons populaires du comte Eugène de Lonlay. Nouvelle édition, ornée du portrait de l'auteur par MOUILLERON. 1 vol. grand in-18 jésus. . . . . 3 fr. 50

ATLAS

ATLAS DE GÉOGRAPHIE ANCIENNE ET MODERNE, à l'usage des collèges et de toutes les maisons d'éducation, dressé par MM. MONNIN et VUILLEMIN ; recueil grand in-4 ; cet atlas comprend, outre les cartes ordinaires : *la Cosmographie, la France en 1789, l'Empire français, la France actuelle, l'Algérie, l'Afrique orientale, occidentale,* et toutes les cartes de la *Géographie ancienne.* C'est le plus complet de tous les Atlas *classiques.* . . . 12 fr.

ATLAS CLASSIQUE DE GÉOGRAPHIE MODERNE (extrait du précédent), à l'usage des jeunes élèves des deux sexes ; composé de 20 cartes. . . . . 7 fr. 50 c

ATLAS DE GÉOGRAPHIE ÉLÉMENTAIRE, *destiné aux commençants* (extrait du précédent), composé de 8 cartes doubles : la mappemonde, les cinq parties du monde et la France. Prix, cartonné. . . . 4 fr.

PARIS. — IMP. SIMON RAÇON ET COMP. RUE D'ERFURTH, 1.

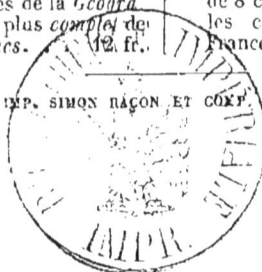

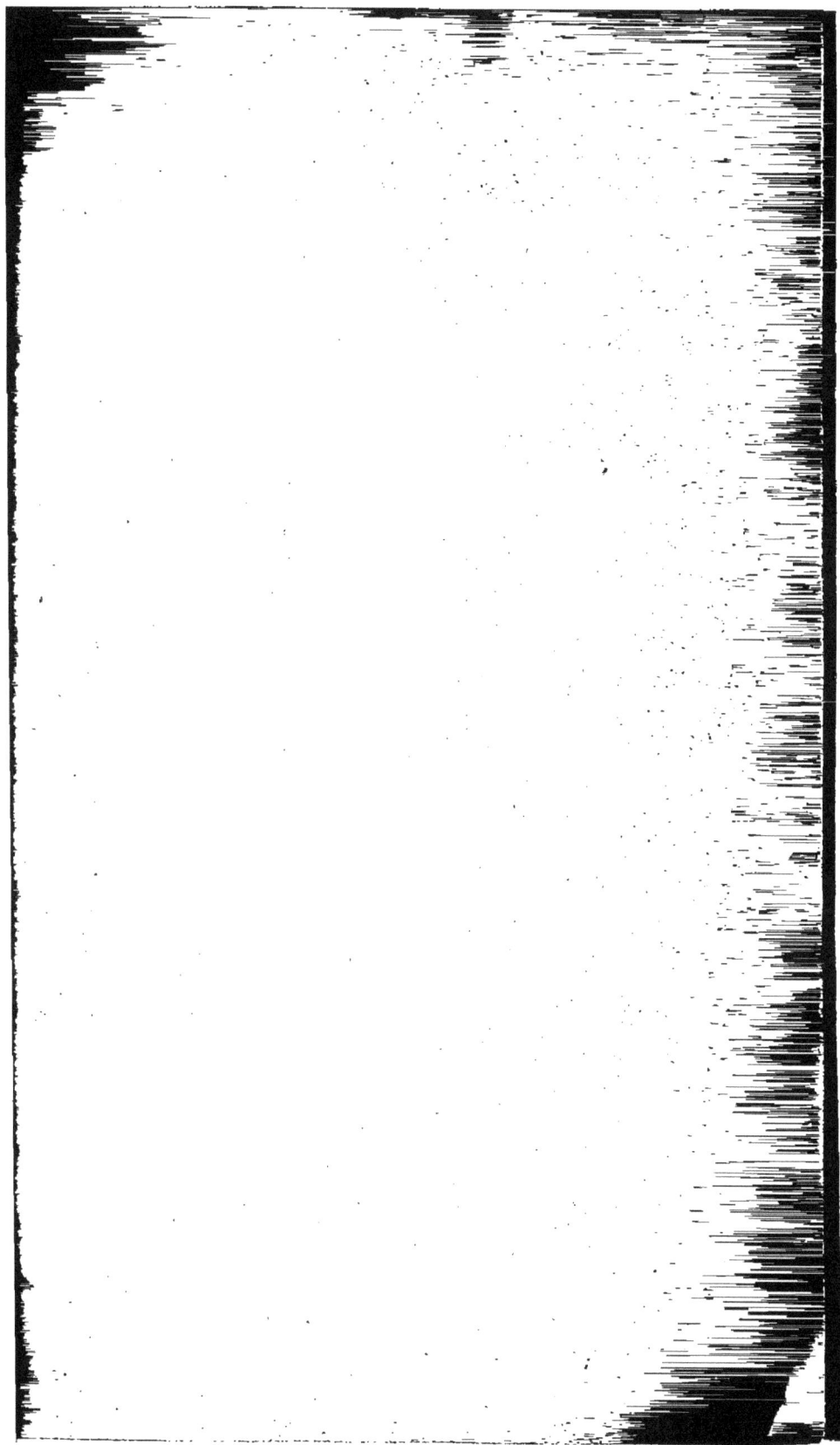

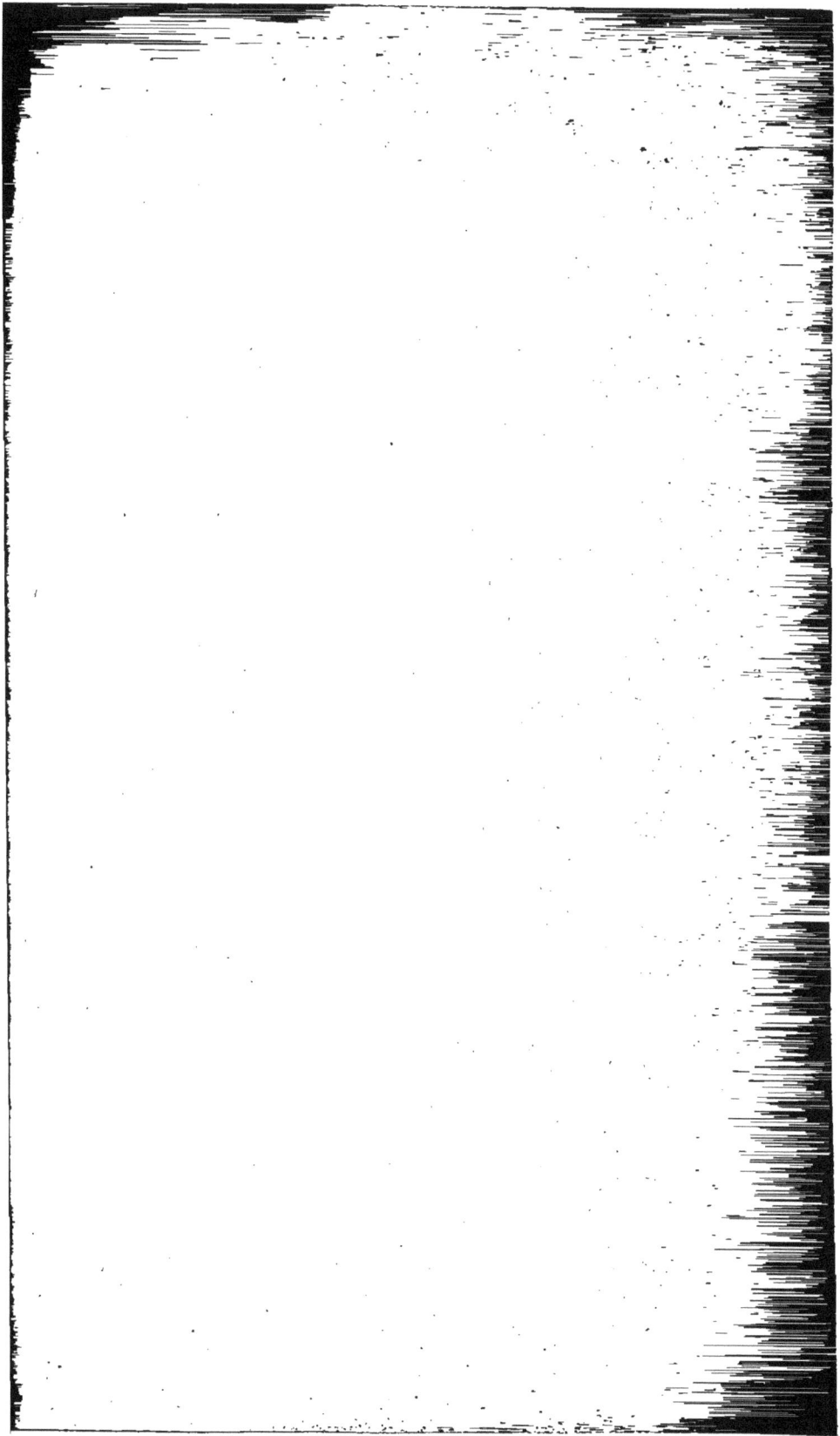

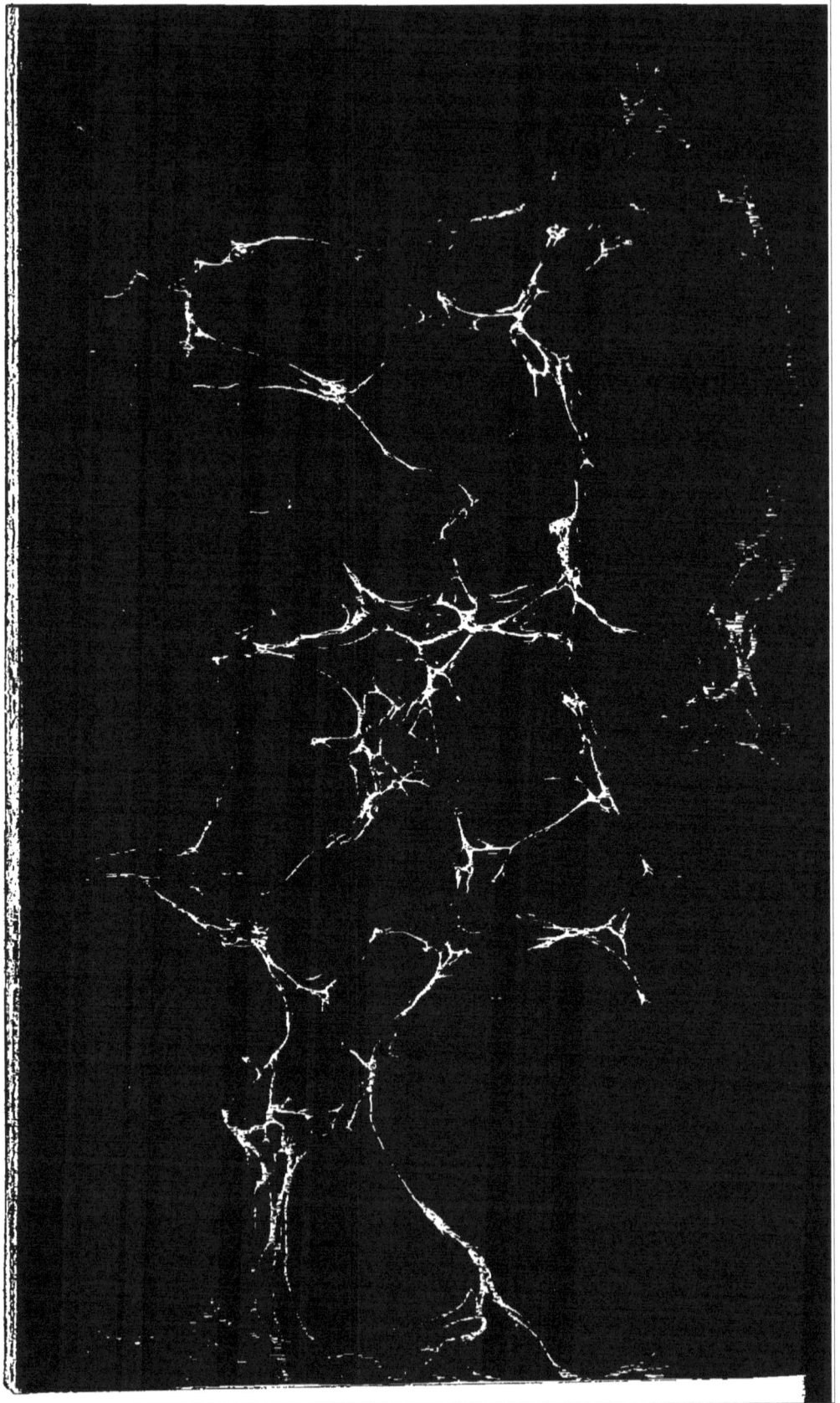

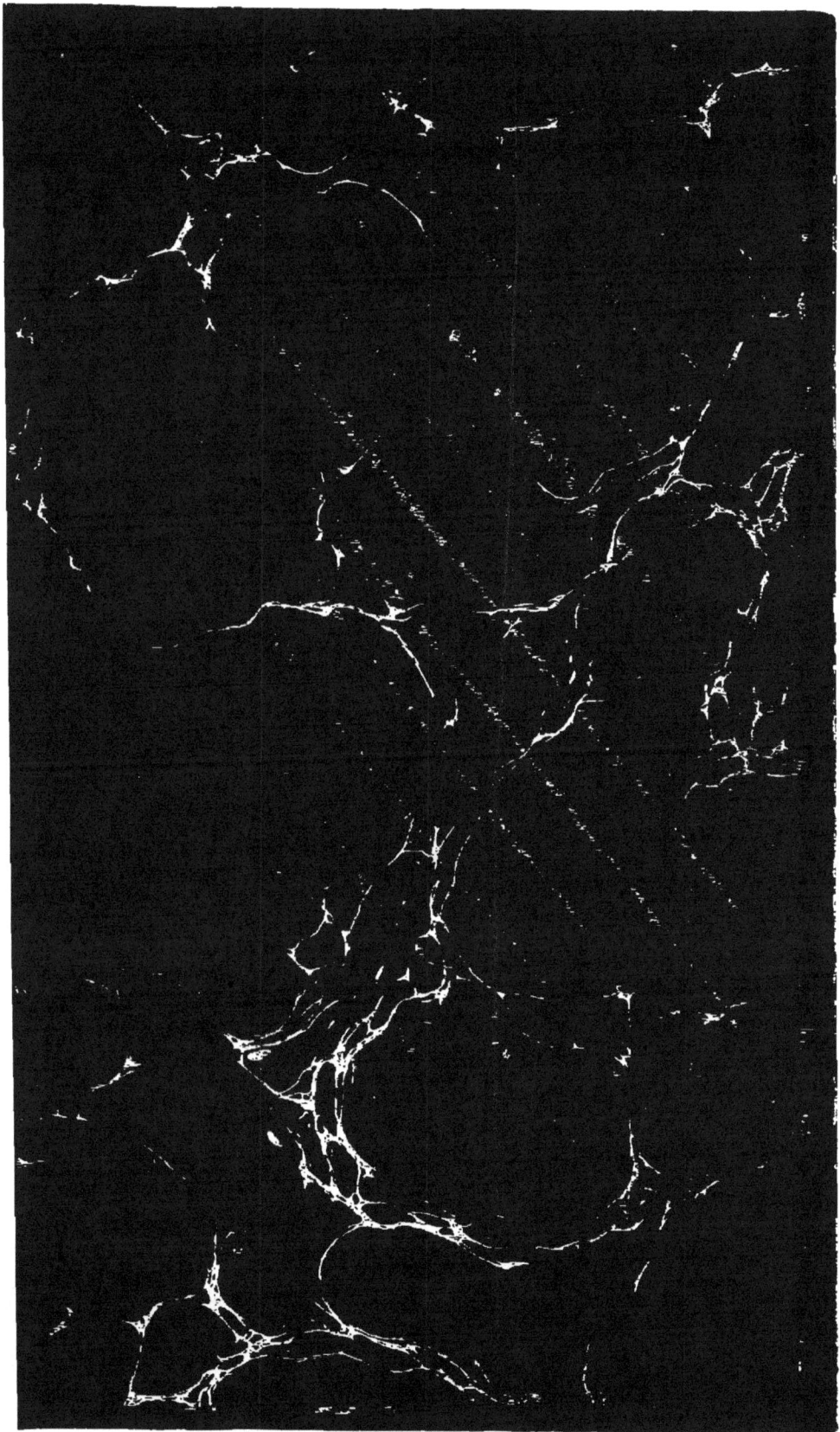

www.ingramcontent.com/pod-product-compliance
Lightning Source LLC
Chambersburg PA
CBHW070235200326
41518CB00010B/1576